Einführung

Lebensraum Alpen

Mit etwa 200.000 km^2 sind die Alpen der größte zusammenhängende Naturraum im Herzen Europas. Sie umfassen Gebiete von acht Anrainerstaaten (Frankreich, Monaco, Italien, Schweiz, Liechtenstein, Deutschland, Österreich, Slowenien) und haben eine West-Ost-Ausdehnung von ca. 750 km und eine Nord-Süd-Ausdehnung von maximal 400 km. Die Abgeschiedenheit und Unzugänglichkeit sowie das raue Klima sorgten dafür, dass sich im Alpenraum eine erstaunliche Biodiversität erhalten konnte.

Doch seit Beginn des 20. Jahrhunderts führen der zunehmende technische Fortschritt und die Industrialisierung zu einer stärkeren Besiedelung der Alpen, sodass die bestehenden Ökosysteme zunehmend unter Druck geraten. Wintersportler, Bergwanderer und Erholungssuchende sorgen dafür, dass der Tourismus in den Alpen fast das ganze Jahr über boomt, und Kletterer erkunden auch noch den letzten Winkel.

Trotzdem finden in den Bergen noch viele Tierarten einen ungestörten Lebensraum – im zersiedelten Flachland steht dieser schon längst nicht mehr zur Verfügung. Seit einigen Jahrzehnten weiß eine steigende Anzahl von Menschen um den Wert der noch vorhandenen Natur und kümmert sich um deren Schutz. Das Birkhuhn beispielsweise ist in Mitteleuropa im Flachland schon fast ausgestorben und hat nun in den Alpen seinen Verbreitungsschwerpunkt. Der Wanderfalke, um ein weiteres Beispiel zu nennen, war in den 1950er- und 1960er-Jahren in Europa fast ausgerottet und hatte in den Alpen eines seiner wenigen Rückzugsgebiete. Durch gezielte Schutzmaßnahmen konnten sich die Bestände erholen und aus den Alpen heraus fand eine Wiederansiedlung in den aufgegebenen Brutgebieten statt. Die Aufzählung ließe sich noch lange fortführen, soll aber in erster Linie aufzeigen, wie wichtig der Alpenraum als letztes Refugium für viele Tierarten ist.

Steinbock-Männchen vor der Watzmann-Ostwand.

Alpensalamander im typischen Lebensraum.

Was sind Alpentiere?

Die oben genannten Beispiele zeigen aber auch ein Problem auf, das bei der Erstellung des Buches von wesentlicher Bedeutung war: Was ist eigentlich ein typisches Alpentier? Gilt das Birkhuhn als typisches Alpentier, nur weil die fortschreitende Lebensraumzerstörung im Flachland ein Ausweichen in die noch unberührten Alpen erforderlich gemacht hat? Der Mitteleuropäer würde dies wahrscheinlich bejahen, aber da das Birkhuhn in Skandinavien in den weitläufigen Mooren und Heiden noch ein normaler Anblick ist, kann es sicher nicht als typischer Alpenvogel gelten. Nur weil es auf der Flucht vor den Menschen in den Alpen einen noch intakten Lebensraum vorgefunden hat, ist es noch lange nicht an die Lebensbedingungen dort gebunden, wie im Übrigen auch die meisten Wirbeltiere nicht.
Zudem sorgt die Klimaerwärmung zunehmend dafür, dass Tiere, die ursprünglich nur im Flachland beheimatet waren, vermehrt die höheren Lagen besiedeln können. So kommen inzwischen beispielsweise zahlreiche Waldbewohner von den Tieflagen bis zur Waldgrenze in den Alpen vor. Im Frühjahr und Herbst überqueren außerdem viele Millionen Vögel die Alpen, sodass theoretisch jeder Zugvogel, der die Alpen überquert, dort auch beobachtet werden kann.
Die Mobilität der Wirbeltiere, vor allem der Vögel, erklärt auch, warum es kaum eine in den Alpen endemische Art gibt. Selbst beim Alpenschneehuhn und dem Alpensalamander gibt es noch Verbreitungsgebiete außerhalb der Alpen. Der Alpensteinbock hingegen kommt ausschließlich in den Alpen vor, doch ist er in anderen Formen auch im Himalaya, in Zentralasien, auf der arabischen Halbinsel und in Nordostafrika vorhanden. Neuere genetische Untersuchungen deuten aber darauf hin, dass es sich bei den verschiedenen Formen um eigene Arten handelt, sodass der Alpensteinbock wohl ein echter Alpenendemit ist.

Birkhuhn-Männchen.

Thymian-Widderchen.

Bergmolch-Männchen.

Auswahl der Tiere

Wie die Ausführungen zeigen, müssten konsequenterweise fast alle Tiere Mitteleuropas in einem Buch über Alpentiere erfasst werden. Da dies dem Prinzip eines handlichen Führers zuwiderlaufen würde, musste eine sinnvolle Auswahl getroffen werden. Es wurde daher Wert darauf gelegt, die Tiere zu berücksichtigen, die auf einer Wanderung in den Alpen mit einer gewissen Wahrscheinlichkeit angetroffen werden können oder die in den Alpen eine wichtige ökologische Funktion übernehmen.

Zudem wurde auch den wichtigsten Insektengruppen ein breiter Raum gegeben, da diese in vielen Bestimmungsbüchern nur sehr verkürzt vorkommen. Abhandlungen über den Alpensteinbock, die Gämse und den Steinadler gibt es zur Genüge und in aller Ausführlichkeit, die Beschreibung der Insekten beschränkt sich hingegen oft auf die Erwähnung des Apollofalters. Aber gerade die Schmetterlinge erregen oft die Aufmerksamkeit der Naturfreunde, da sie die bunten Blumenwiesen mit ihrer Schönheit und ihrem teils leichten Flug bereichern. Und wer weiß schon, dass fast ein Viertel der Arten aus der Gattung *Erebia* (Mohrenfalter) in den Alpen endemisch sind? Auch aus der Ordnung der Heuschrecken gibt es viele Alpenendemiten. Natürlich kann ein kleines Buch über Alpentiere keinen umfassenden Einblick in die Insektenwelt der Alpen geben. Es werden aber die wichtigsten Vertreter vorgestellt, die man mit wenig Anstrengung auf einer Wanderung finden kann, wenn man mit offenen Augen durch die Natur geht.

Da es keine wichtigen und unwichtigen Tiere gibt, sondern alle eine wichtige Rolle im Ökosystem der Alpen einnehmen, wurde jeder Art in etwa der gleiche Platz eingeräumt. Zudem wurde bei der Bildauswahl darauf geachtet, dass möglichst viele verschiedene Merkmale zu sehen sind. So finden Flugbilder ebenso Platz wie Aufnahmen von Männchen, Weibchen und Jungtieren oder die Abbildung sowohl der Ober- als auch der Unterseite von Schmetterlingen, was für eine sichere Bestimmung oft unerlässlich ist. Natürlich war es mir nicht möglich, alle Arten in allen Situationen selbst abzulichten. Daher möchte ich mich an dieser Stelle bei den Fotografen bedanken, die mir ihr Bildmaterial zur Verfügung gestellt haben, namentlich bei Prof. Dr. Christoph Moning, Dr. Richard Kraft, Manfred Kühn und Otmar Forster sowie besonders bei Peter Zeininger, der mir nicht nur Bildmaterial zur Verfügung gestellt hat, sondern auch bei Rückfragen ein zuverlässiger Ansprechpartner war.

Aufbau des Buches

Das Buch ist so aufgebaut, dass zu Beginn der Beschreibung drei Merkmale oder Verhaltensweisen aufgeführt werden, die für die jeweilige Art typisch sind. Dadurch ist oft schon eine schnelle Zuordnung möglich. Unter dem Stichwort »Merkmale« erfolgt dann die exakte Beschreibung des Tieres, sodass eine Artbestimmung möglich sein sollte. Der Punkt »Lebensweise« liefert Hinweise zur Nahrung, zum Verhalten, zur Fortpflanzung und zu den erreichbaren Lebensjahren. Das Stichwort »Lebensraum« enthält Angaben, in welchen Biotopen man die jeweilige Tierart finden kann. So ist zum Beispiel der Steinschmätzer ein Vogel der offenen Landschaften und man wird ihn daher nie im Wald antreffen. Oft gibt der Lebensraum schon einen Hinweis, um welche Art es sich dabei handeln oder eben nicht handeln kann. Vorsicht ist allerdings während des Vogelzugs geboten, da einzelne Arten oft weitab von ihren eigentlichen Lebensräumen auftauchen können. Im Abschnitt »Verbreitung« wurde nicht nur die Verbreitung innerhalb der Alpen berücksichtigt, sondern auch die weltweite Verbreitung, sodass man einen Eindruck von der Gesamtverbreitung der jeweiligen Tierart bekommt. Das Stichwort »Ähnliche Arten« soll auf Zwillingsarten hinweisen und auf Arten, die mit der vorgestellten leicht verwechselt werden können. Allzu oft ist eine Art schnell bestimmt und erst später entdeckt man, dass es eine ähnliche Art gibt und die Bestimmung ist dann plötzlich nicht mehr ganz so sicher. Dieser Punkt soll daher darauf aufmerksam machen, dass man gleich genau hinsehen muss, um eine Fehlbestimmung ausschließen zu können.

Mit diesem Buch soll dem Naturfreund ein Führer an die Hand gegeben werden, der handlich ist, aber auch zuverlässig die Bestimmung der Tierwelt der Alpen ermöglicht, vom Alpensteinbock bis zur Heuschrecke. Es ist für die Entdeckung der Tiere nicht notwendig, einsame Gegenden aufzusuchen, meist findet man die kleinen Wunder der Natur auch direkt neben den Wanderwegen.

Murmeltiere inspizieren die Kamera-Ausrüstung.

Glossar

Aalstrich:
Dunkler Streifen im Fell der Säugetiere, der längs der Wirbelsäule verläuft.
Abdomen:
Hinterleib.
Antehumeralstreifen:
Helle, längliche Streifen auf der Oberseite der Mittelbrust bei Libellen. An den Antehumeralstreifen kann man viele Libellenarten sehr gut bestimmen, bei manchen sind sie jedoch kaum oder gar nicht vorhanden.
Apikalfleck:
Ein an der Spitze von etwas befindlicher Fleck. Bei Schmetterlingen ist dabei ein Fleck an der Flügelspitze gemeint; dieser ist oft ein wichtiges Bestimmungsmerkmal.
Armdecke:
Teil der Befiederung des Vogelflügels, der die Armschwingen schützt.
Armschwingen:
Der am Unterarm ansetzende Teil des Vogelflügels.
Augenfleck:
Die das Auge eines Wirbeltieres nachbildende Farbmarkierung vieler Tierarten; oft bei Schmetterlingen.
Autotomie:
Die Fähigkeit mancher Tierarten, bei Gefahr einen Körperteil abzuwerfen.
Bürzel:
Schwanzwurzel der Vögel.
Cercus (Sing.)/Cerci (Plur.):
Paarige Hinterleibsanhänge, unter anderem bei Insekten.
Diskalbinde:
Zur Beschreibung von Tagfaltern wird der Flügel in vier Regionen aufgeteilt, von innen nach außen ist das die Basalregion, die Diskalregion, die Postdiskalregion und die Submarginalregion. Die Diskalbinde ist eine Binde in der Diskalregion des Flügels.
Dunenjunges: Küken im Dunenkleid (Fachbegriff: Pullus, Plur. Pulli).
Fähe:
Weibliches Tier des Fuchses sowie aller Marderartigen mit Ausnahme des Dachses.
Fettflosse:
Flosse von fleischiger Konsistenz zwischen Rücken- und Schwanzflosse bei einigen Knochenfischen, besonders bei Lachsfischen.
Flügelmal:
Besonders ausgeprägtes Feld im Flügel vieler Fluginsekten; bei Libellen befindet es sich an der Vorderkante der Vorder- und Hinterflügelspitzen und ist oft ein wichtiges Bestimmungsmerkmal.
Halsschild:
Schildförmiges Oberteil des ersten Brustsegments bei Insekten.
Handschwingenprojektion:
Bemisst bei Vögeln den Teil der Flügelspitze, der im angelegten Zustand über die längste Schirmfeder hinausragt.
Hinterschiene:
Hinterer Teil des vierten Glieds des fünfgliedrigen Insektenbeins.
Holarktis:
Biogeografische Region, die den Großteil der nördlichen Hemisphäre der Erde umfasst.
Imago (Sing.)/Imagines (Plur.):
Bezeichnung für das erwachsene, geschlechtsreife Insekt nach dem Verpuppungsstadium oder der letzten Häutung.
Krautig:
Pflanzen, die nicht verholzen, bezeichnet man als krautig.
Kurzstreckenzieher:
Zugvögel, deren Winterquartiere kaum weiter als 2000 km vom Brutgebiet entfernt sind; z.B. mitteleuropäische Vogelarten, die im Mittelmeerraum überwintern und die Sahara nicht überqueren.

Alpine Gebirgsschrecke (Weibchen).

Langstreckenzieher:
Zugvögel, deren Winterquartiere sehr weit (meist über 4000 km) von den Brutgebieten entfernt sind.
Larvalentwicklung:
Viele Tierarten durchlaufen während ihrer Entwicklung ein Larvenstadium, das sich vom Alttier in Aussehen und Lebensweise wesentlich unterscheidet.
Medialfeld:
Das »zur Mitte hin« gelegene Feld im Insektenflügel.
Metamorphose:
Der gesamte Umwandlungsprozess von der Larve bis zum ausgewachsenen Tier.
Myrmekophilie:
Die Bindung an ein Leben mit Ameisen; sie ist bei Bläulingen weit verbreitet.
Nahrungsopportunist:
Nimmt jede Nahrung auf, die er bekommen und am leichtesten finden kann, wobei er nicht wählerisch ist.
Nearktis:
Biogeografische Großregion; sie umfasst Nordamerika und Grönland.
Nominatform: Die zuerst beschriebene Unterart; sie zeichnet sich durch einen identischen Art- und Unterartnamen aus.
Ovoviviparie:
Spezialform der Fortpflanzung, bei der die Eier im Mutterleib »ausgebrütet« werden; die voll entwickelten Jungtiere schlüpfen während des Geburtsvorgangs aus einer transparenten Eihülle.
Paläarktis:
Biogeografische Großregion; sie umfasst Eurasien und Nordafrika. Begrenzt wird die Region im Norden, Osten und Westen vom Meer, im Süden sind die Wüsten der Sahara und Arabiens sowie die Gebirgsketten des Himalayas die natürlichen Grenzen.
Postdiskalregion:
Zur Beschreibung von Tagfaltern wird der Flügel in vier Regionen aufgeteilt. Von innen nach außen ist das die Basalregion, die Diskalregion, die Postdiskalregion und die Submarginalregion.
Prachtkleid:
Federkleid, das meist während der Brutzeit angelegt wird und etwas auffälliger ist als das Schlichtkleid.

Eichelhäher (Alt- und Jungvogel).

Ruderalfläche:
Boden mit steinigem, humusarmem Untergrund.
Schirmfedern:
Die inneren drei bis fünf Armschwingen des Vogelflügels; sie schützen den zusammengelegten Flügel.
Schlichtkleid:
Federkleid, das meist nach Ende der Brutzeit angelegt wird und etwas weniger auffällig ist als das Prachtkleid.
Spiegel:
In der Ornithologie bezeichnet man damit eine optisch auffällige Gefiederpartie im Flügelbereich, in der Jägersprache ist damit die helle Fellfärbung am Hinterteil der Hirschartigen gemeint.
Standvogel:
Vogelart, die ganzjährig im Gebiet bleibt.
Streuungswanderung:
Nicht zielgerichtete Wanderbewegung von meist nur geringer Distanz.
Teilzieher:
Ein Teil der Brutpopulation nimmt am Vogelzug teil und zieht Richtung Süden, der andere Teil verbleibt im Brutgebiet.
Thorax:
Brust.
Vorderschiene:
Vorderer Teil des vierten Glieds des fünfgliedrigen Insektenbeins.
Zügelstreif:
Streifen, der sich von der Schnabelwurzel über das Auge bis in den Nacken ziehen kann, z.B. bei Vögeln und Säugetieren.
Zeigerart:
Art, die eine enge Bindung an bestimmte Umweltfaktoren zeigt und oft als Indikator für bestimmte ökologische Bedingungen verwendet wird.

Säugetiere

Säugetiere gehören zu den am höchsten entwickelten Wirbeltieren und sind durch eine Reihe von Merkmalen eindeutig gekennzeichnet. Dazu zählen u.a. das Vorhandensein echter Haare und reich entwickelter Hautdrüsen, wie z.B. Milch-, Duft- und Schweißdrüsen. Die Milchdrüsen sind besonders erwähnenswert, haben sie den Säugetieren doch zu ihrem Namen verholfen. Die Jungtiere werden nämlich nach der Geburt noch einige Zeit gesäugt und zwar mit Milch aus bestimmten Drüsen, den *Mammae* (daher der wissenschaftliche Name *Mammalia*). Wie lange die Abhängigkeit vom Muttertier dauert, ist je nach Art verschieden. Zudem sind Säugetiere gleichwarm, d.h. die Körpertemperatur wird in engen Grenzen konstant gehalten. Bei Winterschläfern (z.B. Fledermäusen, Murmeltieren) kann die Körpertemperatur allerdings jahreszeitlich bedingt von der Außentemperatur abhängig sein. So unterschiedlich wie ihr Aussehen sind auch Größe und Gewicht der heute lebenden Säugetiere. Die Spannbreite reicht von der nur 2 g schweren Etruskerspitzmaus bis zum 30 m langen und bis zu 120 t schweren Blauwal. Mit weltweit rund 5500 beschriebenen Arten sind die Säugetiere zwar nicht die artenreichste Klasse innerhalb des Tierreichs, aber zusammen mit den Vögeln wohl die am besten erforschte. Das liegt zum einem sicher daran, dass der Mensch ebenfalls zur Klasse der Säugetiere zählt, zum anderen auch an den jahrhundertealten Wechselbeziehungen zwischen Mensch und Säugetier, man denke nur an die Domestizierung vieler Arten. Im gesamten Alpenraum sind je nach Auffassung, welches Tier man noch als Alpentier bezeichnen möchte, zwischen 60 und 80 Arten beheimatet. Davon ist nur der Alpen-Steinbock (Bild links) ein reines Hochgebirgstier, mit Abstrichen auch die Schneemaus. Andere typische Vertreter der Alpen kommen auch in den Mittelgebirgen vor, wie z.B. Gämse (Bild rechts unten) und Alpenspitzmaus, oder haben die Hochlagen der Alpen nacheiszeitlich als ihnen zusagende Klimainsel besiedelt, wie z.B. Schneehase und Murmeltier (Bild rechte Seite oben).

Bei der Angabe der Größe wird in diesem Buch bei den Säugetieren zwischen der Kopf-Rumpf-Länge (KRL) und der Schwanzlänge (SL) unterschieden.

Alpenspitzmaus *(Sorex alpinus)* 1

A *Fellfärbung einheitlich schiefergrau*
B *Helle Füße*
C *Kleiner heller Augenring*

Merkmale: KRL 5,8–8,5 cm; SL 5,2–7,7 cm. Samtartiges Fell; lange bewegliche Nase, die an einen Rüssel erinnert; winzige Augen.

Lebensweise: Tag- und nachtaktiv. Wie alle Spitzmäuse der Gattung *Sorex* müssen die Alpenspitzmäuse ständig Nahrung aufnehmen, schon nach 2–3 Stunden ohne Nahrungsaufnahme können sie verhungern. Sie haben einen täglichen Nahrungsbedarf, der ihr eigenes Körpergewicht erreichen kann. Alpenspitzmäuse ernähren sich von Insekten, Regenwürmern, Schnecken, Spinnen etc. Die Fortpflanzungsbiologie ist nicht vollständig bekannt, es werden aber meist ein- bis zweimal im Jahr 2–9 Junge geboren. In freier Natur dürfte die Alpenspitzmaus ein Alter von 18 Monaten kaum überschreiten. Aufgrund einer Moschus ausscheidenden Drüse an den Flanken werden Spitzmäuse kaum gefressen. Sie sind nicht mit den überwiegend vegetarisch lebenden Mäusen (Nagetiere) verwandt.

Lebensraum: Feucht-kühl und felsig; bevorzugt an Gebirgsbächen mit dichter Vegetation und Felsen, zwischen denen die Tiere Unterschlupf finden; bis über 2000 m.

Verbreitung: Sehr verstreut in den Mittel- und Hochgebirgen Mittel- und Südeuropas.

Ähnliche Arten: Auch andere Spitzmäuse können in den Alpen angetroffen werden, sind aber nicht typisch für die Bergregion. Da man sie kaum zu Gesicht bekommt, sollen sie nur kurz angesprochen werden. Die Waldspitzmaus *(Sorex araneus)* **1a** kommt noch am häufigsten vor. Das Fell ist am Rücken braun, am Bauch hellgrau; der Übergang ist fließend bräunlich, sodass die Waldspitzmaus dreifarbig wirkt. Die Zwergspitzmaus (*Sorex minutus*) ist aufgrund ihrer geringen Größe leicht mit anderen, jungen Spitzmäusen zu verwechseln. Ihr Fell ist auf der Oberseite braun, auf der Unterseite hellgrau gefärbt. Spitzmäuse der Gattung *Neomys* (Wasserspitzmäuse) **1b** sind an ein Leben im und am Wasser angepasst, sie haben eine schwarze Ober- und eine weiße Unterseite.

Maulwurf *(Talpa europaea)* 2

A *Vorderfüße zu riesigen Grabschaufeln umgebildet*
B *Winzige, kaum sichtbare Augen*
C *Samtschwarzes Fell*

Merkmale: KRL 11,3–15,2 cm; SL 2,3–4,5 cm. Männchen größer als Weibchen, Geschlechter sonst gleich. Obwohl die wenigsten Menschen jemals einen Maulwurf lebend gesehen haben, ist sein Aussehen gut bekannt. Die kurzen Fellhaare stehen so dicht, dass weder Wasser noch Erde eindringen kann; zudem hat das Fell keinen Haarstrich, sodass es weder beim Vorwärts- noch beim Rückwärtslaufen in den engen Gängen stört. Der Körper ist walzenförmig, die rüsselartige Schnauze ist beweglich und rosa, die Ohren haben keine Ohrmuscheln, mit den mohnkorngroßen Augen ist nur ein Hell-Dunkel-Sehen möglich.

Lebensweise: Lebt unterirdisch in einem selbst gegrabenen Gangsystem, anfallende Erde wird mit den Grabschaufeln nach außen befördert und bildet die bekannten Maulwurfshügel oder Maulwurfshaufen **2a**. Erwachsene Tiere sind unverträglich und aggressiv. Maulwürfe ernähren sich fast ausschließlich von Regenwürmern, aber auch von Insekten, Insektenlarven und jungen Mäusen. Sie halten kei-

A
B
C
1

1a

1b

A
C
2

ne Winterruhe. Die Paarungszeit erstreckt sich über Februar und März; nach einer Tragzeit von ca. 40 Tagen werden einmal im Jahr durchschnittlich 3–4 Junge geboren, die nach ca. 5 Wochen selbstständig sind. Der Maulwurf hat zahlreiche Fressfeinde und wird in freier Wildbahn bis zu 3 Jahre alt, in Haltung bis zu 5 Jahre.

Lebensraum: Vor allem in humosen Böden in Gärten und auf Wiesen, aber auch im Mischwald; im Gebirge bis über 2000 m.

Verbreitung: In den gesamten Alpen verbreitet; ansonsten in fast ganz Eurasien und Nordamerika.

Ähnliche Arten: Hauptsächlich in den Westalpen kommt der kaum vom Maulwurf unterscheidbare Blindmaulwurf (*Talpa caeca)* vor. Er ist meist deutlich kleiner und die Augen sind von Haut überwachsen. Zur sicheren Bestimmung sind aber häufig auch die Zähne und die Beckenknochen notwendig.

Die Maulwurfshügel können mit den Erdauswürfen der Schermaus *(Arvicola)* verwechselt werden, die Auswurfhaufen der Schermaus sind aber eher länglich und nicht rund, bestehen aus eher feiner Erde und das Eingangsloch befindet sich meist am Rand des Haufens und nicht in der Mitte.

Schneemaus *(Chionomys nivalis)* 3

A *Lange Schnurrhaare*
B *Weiße Hinterfüße*
C *Schwanz weiß behaart*

Merkmale: KRL 9–13,5 cm; SL 5,5–7,5 cm. Wühlmaus mit relativ langem, meist zweifarbigem Schwanz (oben braun, unten weiß) und großen, gut sichtbaren Ohren. Fellfärbung bräunlich, durchsetzt mit schwarzen Haaren, Unterseite und Füße weißlich; Jungtiere **3a** grau. Lange Schnurrhaare (bis zu 5 cm) als Anpassung an das Leben als Spaltenbewohner.

Lebensweise: Tag-, dämmerungs- und nachtaktiv. Sonnt sich gerne, hält keine Winterruhe. Ernährt sich von Gräsern, Kräutern und Wurzeln, die die Schneemaus im Winter auch unterirdisch finden kann. Vor allem im Winter bei und in Berghütten anzutreffen. Nach einer Tragzeit von drei Wochen werden, meist zweimal im Jahr, durchschnittlich 2–5 Junge geboren, die nach ca. 3 Wochen selbstständig sind. Aufgrund der zahlreichen Fressfeinde werden Schneemäuse kaum älter als 18 Monate.

Lebensraum: Lebt in der Regel in einem natürlichen Gangsystem zwischen Felsspalten auf Geröllhalden und mit Felsen durchsetzten Matten, kann aber auch eigene Gänge graben (zu feines Geröll ist nicht geeignet); meist oberhalb der Baumgrenze, in den Alpen bis 4000 m.

Verbreitung: In den gesamten Alpen verbreitet, ansonsten in den Gebirgen Südeuropas und Zentralasiens.

Ähnliche Arten: Die Schneemaus hat als einzige europäische Wühlmaus (Unterfamilie *Arvicolinae*) die Hochgebirge erobert und zeigt eine deutliche Präferenz für höher gelegene Standorte. Es gibt aber noch zahlreiche weitere Arten aus der Unterfamilie der Wühlmäuse, die man in den Alpen selbst noch in weit über 2000 m Höhe antreffen kann. Man wird sie aber nur ausnahmsweise zu Gesicht bekommen, da sich ihr Leben fast ausschließlich unterirdisch abspielt; dazu zählen z.B. die Schermaus *(Arvicola terrestris)* und die Wühlmäuse aus der Gattung *Microtus* (Erdmaus, Feldmaus, Kurzohrmaus, Kleinwühlmaus). Am ehesten wird man wahrscheinlich auf die Rötelmaus *(Myodes glareolus)* **3b** aufmerksam, eine Waldbewohnerin, die recht gut an der rötlichen Rückenfärbung zu erkennen ist. Sie ist die häufigste Kleinsäugerart in Nadel- und Mischwäldern mit dichter Bodenbedeckung und kann in den Alpen bis über 2500 m angetroffen werden.

2a

C
3

A
3a

3b

Gelbhalsmaus *(Apodemus flavicollis)* 4

A *Gelbliches, fast immer geschlossenes Halsband*
B *Scharfe Abgrenzung der bräunlichen Flanken zur hellen Unterseite*
C *Schwanz immer länger als Kopf-Rumpf-Länge*

Merkmale: KRL 8–12 cm; SL 9,2–12,7 cm. Große Augen und Ohren. Fellfärbung rost- bis kastanienbraun, am Rücken aufgrund schwarzer Grannenhaare oft dunkler, am Bauch weiß. Der Schwanz ist nackt und zweifarbig (oben dunkel, unten hell). Jungtiere haben einen grauen, nicht vollständig ausgebildeten Halsfleck.
Lebensweise: Fast ausschließlich nachtaktiv. Kann sehr gut klettern und springen. Ernährt sich von Früchten (Bucheckern, Eicheln), Pilzen, Regenwürmern, Eiern, Jungvögeln und Insekten; da kein Winterschlaf gehalten wird, werden Nahrungsvorräte angelegt. Lebt in unterirdischen Bauen unter Wurzelwerk oder Felsen, besetzt aber auch Nistkästen, im Herbst und Winter gerne auch in Berghütten. Nach einer Tragzeit von drei Wochen werden meist zwei- bis dreimal im Jahr durchschnittlich 5–7 Junge geboren, die bereits nach 2–3 Monaten geschlechtsreif sind. Gelbhalsmäuse werden in freier Wildbahn max. 18 Monate alt, in Haltung bis zu 5 Jahre.
Lebensraum: Waldbewohner (bevorzugt Eichen- und Buchenwälder), lebt aber auch in naturnahen Gärten und in Feldgehölzen; bis über 2000 m.
Verbreitung: In den gesamten Alpen verbreitet; ansonsten in weiten Teilen der westlichen Paläarktis.
Ähnliche Arten: Die Waldmaus *(Apodemus sylvaticus)* und die Alpen-Waldmaus *(Apodemus alpicola)* sind optisch kaum von der Gelbhalsmaus zu unterscheiden (eindeutige Unterscheidung durch Schädel- und Zahnmerkmale). Waldmäuse haben fast nie ein geschlossenes Halsband, keine rein weiße Unterseite und etwas kleinere Ohren. Die Alpen-Waldmaus hat einen gelblich-braunen Streifen am Übergang der braunen Ober- zur weißlichen Unterseite. Die dem Menschen folgende Westliche Hausmaus *(Mus domesticus)* kann in Siedlungen und Schutzhütten in über 2000 m Höhe angetroffen werden; der Übergang von der dunklen Oberseite zur hellen Unterseite ist bei diesen fließend.

Eichhörnchen *(Sciurus vulgaris)* 5

A *Buschiger Schwanz*
B *Pinselohren (im Winter besonders auffällig)*
C *Weißer Bauch*

Merkmale: KRL 20–25 cm, SL 15–20 cm. Fellfärbung variabel von fuchsrot über rotbraun bis fast schwarz.
Lebensweise: Hervorragender Kletterer, der mühelos auch an glatten Bäumen auf und ab läuft. Kann bis zu 5 m weit springen. Ernährt sich von Pilzen, Früchten und Baumsamen, aber auch von Eiern und Jungvögeln; legt Nahrungsvorräte an. Baut kugelförmige Reisignester (»Kobel«) auf Bäumen, meist in Stammnähe. Ab März werden meist 2–5 nackte und blinde Junge geboren, die nach ca. 6 Wochen das Nest verlassen; 2 Würfe pro Jahr. Kein Winterschlaf. Feinde sind Baummarder und Habicht, gelegentlich auch der Uhu. Kann in Gärten und Parks sehr vertraut werden und Futter aus der Hand nehmen. Eichhörnchen werden in freier Wildbahn durchschnittlich 3 Jahre alt, in Haltung bis zu 18 Jahre.
Lebensraum: Laub-, Misch- und Nadelwälder bis ca. 2000 m.
Verbreitung: In ganz Eurasien verbreitet.
Ähnliche Arten: Das aus Nordamerika nach Europa eingeführte und in Deutschland noch nicht nachgewiesene Grauhörnchen (*Sciurus carolinensis*) ist größer, hat eine graubraune Färbung, einen grauen Bauch und keine Pinselohren.

B
4

A
5

A
B
5

C
5

Murmeltier *(Marmota marmota)* 6

A *Gedrungener Körper mit kurzen Gliedmaßen*
B *Braun-gelbe Nagezähne sichtbar*
C *Warnpfiff weit hörbar*

Merkmale: KRL 45–58 cm, SL 14–20 cm. Rückenfärbung schiefergrau bis hellbraun, Bauch meist gelblichgrau, Scheitel am Kopf dunkelgrau, Schwanzspitze schwarz. Kleine Ohren, kräftige Krallen. Watschelnder Gang.
Lebensweise: Lebt in großen Familienverbänden unterirdisch in einem selbst gegrabenen Bau. Einmal pro Jahr, meist im Mai/Juni, werden nach einer Tragzeit von 33–34 Tagen 2–7 nackte und blinde Junge geboren, die nach ca. 5–6 Wochen den Bau verlassen. Murmeltiere halten ungefähr von Oktober bis April Winterschlaf, wobei sie bis zu 50 % ihres Gewichts verlieren. Die Körpertemperatur wird dabei auf 4–5 °C und der Herzschlag auf 3–5 Schläge pro Minute abgesenkt. Murmeltiere ernähren sich rein pflanzlich von Gräsern, Kräutern etc. Sie können an Touristenzentren der Zentralalpen sehr zutraulich werden. Sehr gutes Sehvermögen. Warnen mit auffälligen typischen Pfeiflauten vor Feinden; Feinde sind hauptsächlich der Steinadler und der Fuchs. Mankei, wie Murmeltiere im Volksmund genannt werden, können in freier Wildbahn bis zu 15 Jahre alt werden. Früher wurden Murmeltiere stark bejagt, da man ihrem Fett eine heilende Wirkung u.a. bei Rheuma, Gelenk- und Muskelschmerzen zuschrieb. Auch heute noch werden sie in Österrreich und in der Schweiz gejagt, in Deutschland hingegen sind sie ganzjährig geschützt.
Lebensraum: Hochalpine, mit Felsen durchsetzte Bergwiesen und Almflächen bevorzugt in Südlage; von 800–2700 m.
Verbreitung: Alpen, Karpaten, Hohe Tatra.
Ähnliche Arten: Unverwechselbar.

Gartenschläfer *(Eliomys quercinus)* 7

A *Große Ohren*
B *Weiße Schwanzquaste*
C *Auffällige Gesichtszeichnung*

Merkmale: KRL 10–15 cm, SL 8–14 cm. Fellfärbung überwiegend graubraun mit rötlicher Tönung, schwarze Gesichtsmaske, dreifarbiger (Oberseite braun und schwarz, Unterseite weiß), dicht behaarter Schwanz, Bauch weiß.
Lebensweise: Nachtaktiv. Guter Kletterer, der sich aber im Gegensatz zu anderen Schläfern oft am Boden aufhält. Baut Nester zwischen Felsspalten und in Baumhöhlen, gerne auch in Nistkästen; frei stehende Nester sind die Ausnahme. Hält in den gemäßigten Zonen Winterschlaf, kann aber auch im Sommer während Schlechtwetterperioden in eine bis zu dreitägige Lethargie verfallen. Wie alle Schläfer Fähigkeit der Schwanzautotomie, wodurch in einer Gefahrensituation die Flucht ermöglicht wird; der Schwanz wächst dann verkürzt wieder nach. Gartenschläfer ernähren sich bevorzugt von tierischer Kost, wie z.B. Spinnen, Insekten, Schnecken, Vogeleiern, Jungvögeln oder jungen Mäusen; aber auch pflanzliche Kost, wie Beeren und Früchte, dient der Ernährung; Samen und Knospen werden nicht verschmäht. Die Paarungszeit ist zwischen Mai und Juli und nach einer Tragzeit von 21–23 Tagen werden 4–6 (bis zu 9) Junge geboren, die nach ca. 5–6 Wochen selbstständig sind. Oft wird aber der erste Winterschlaf noch gemeinsam durchgeführt. Gartenschläfer haben zahlreiche Fressfeinde und werden in freier Wildbahn kaum älter als 3–4 Jahre; in Haltung können sie doppelt so alt werden.
Lebensraum: Nadel- und Mischwälder, Parks; gerne in zerklüfteten Felsregionen

6

B
6

A
C
B
7

7a

und Karstgebieten bis ca. 2000 m; geht auch in Hütten.
Verbreitung: In Europa endemisch; dort von der Iberischen Halbinsel bis zum Ural verbreitet; fehlt in Skandinavien und auf den Britischen Inseln.
Ähnliche Arten: Der etwas kleinere Baumschläfer *(Dryomys nitedula)* ist nur in den Ostalpen verbreitet und hat eine graue Fellfärbung ohne rötliche Tönung, kleinere Ohren und einen buschigeren Schwanz ohne weiße Endquaste vom Gartenschläfer. Der Siebenschläfer *(Glis glis)* **7a** ist auf der Oberseite und am Schwanz einheitlich grau gefärbt und hat außer einem schmalen schwarzen Augenring keine Gesichtszeichnung; im Gebirge erreicht er nur ausnahmsweise Höhen über 1400 m.

Schneehase *(Lepus timidus)* 8

A *Schwarze Ohrspitzen*
B *Relativ kurze Ohren*
C *Fell im Winter weiß, im Sommer braun*

Merkmale: 40–56 cm; SL 5,3–6,5 cm. Fellfärbung je nach Jahreszeit variabel; während des Fellwechsels im März/April und Oktober/November eher gescheckt graubraun und weiß; kurzer, im Sommer nur auf der Unterseite, im Winter ganz weißer Schwanz; Bauch immer weiß. Stark vergrößerte Hinterläufe, behaarte Sohlen und weit spreizbare Zehen sind eine Anpassung an die lang anhaltenden hohen Schneelagen im Gebirge.
Lebensweise: Meist dämmerungs- und nachtaktiv, versteckt sich tagsüber größtenteils unter Steinen und Zwergsträuchern. Lässt sich im Winter einschneien oder gräbt Schneehöhlen, um Schlechtwetterperioden zu überstehen. Ernährt sich pflanzlich von Gräsern, Zwergsträuchern und Rinden. Wirft zwischen April und August zweimal 2–5 Junge, die bereits sehen können und behaart sind. Viele Fressfeinde, wie z.B. Steinadler, Fuchs, Luchs, Uhu, Marder; Jungtiere werden auch vom Kolkraben erbeutet. Schneehasen werden in freier Wildbahn max. 13 Jahre alt.
Lebensraum: Im Sommer in der Krummholzzone und oberhalb der Baumgrenze bis weit über 3000 m, im Winter in Wäldern.
Verbreitung: Alpen, Nordeuropa und Nordasien. Die Alpenpopulation ist ein Reliktvorkommen aus der Eiszeit. Damals war der Schneehase noch auf der gesamten Nordhalbkugel verbreitet. Nach dem Abschmelzen der Gletscher ist ein Teil der Population in die kühleren Höhenlagen der Alpen ausgewichen, wo er nun eine eigene Population und wohl auch Unterart bildet.
Ähnliche Arten: Der Feldhase *(Lepus europaeus)* **8a** hat längere Ohren und einen auf der Oberseite schwarzen Schwanz; das Kaninchen hat keine schwarzen Ohrspitzen.

Reh *(Capreolus capreolus)* 9

A *Auffälliger Spiegel (weißes Hinterteil)*
B *Rehbock mit Geweih*
C *Rehkitze braun mit weißen Flecken*

Merkmale: KRL 95–135 cm, SL 2–3 cm, Schulterhöhe bis max. 75 cm; Gewicht 15–25 kg, max. bis 30 kg. Männchen größer als Weibchen. Fell im Winter graubraun, im Sommer rotbraun. Kaum sichtbarer Schwanz; Spiegel (im Winter besonders auffällig) beim Männchen eher bohnen- bis nierenförmig, beim Weibchen eher herzförmig. Raues Bellen der Rehböcke charakteristisch und weithin hörbar. Weibchen ohne Geweih. Geweih im 1. Jahr nur als kurze Spieße entwickelt,

A
B
C
8

A
B
C
8

8a

A
B
♂
♀
9

B
9 ♂

ab dem 3. Jahr voll ausgebildetes Sechser-Geweih; ab dem 6.–8. Jahr entwickelt sich das Geweih wieder zurück. Während des Wachstums ist das Geweih von einer Basthaut überzogen, die im Frühjahr nach Abschluss der Verknöcherung an Büschen und kleinen Bäumen abgefegt wird. Das Geweih wird ab dem Spätherbst abgeworfen; Männchen und Weibchen sind dann schwer zu unterscheiden (Männchen mit kantigerem Stirnprofil).

Lebensweise: Erreicht bei Flucht bis zu 60 km/h und springt dabei bis zu 5 m weit und 3 m hoch. Männchen leben im Sommer einzelgängerisch, Weibchen bilden Familiengruppen. Paarungszeit ist im Hochsommer; im darauffolgenden Frühjahr werden 1–2 Kitze geboren, die in den ersten Tagen von der Ricke im Gras liegen gelassen werden. Die Nahrung ist pflanzlich und besteht aus Gräsern, Kräutern, Blättern, Trieben, Pilzen, Eicheln, Bucheckern etc. Feinde sind Wölfe, wildernde Hunde und Luchse; die meisten Verluste erleiden Rehe durch den Straßenverkehr. Alter in freier Natur bis 16 Jahre.

Lebensraum: Wälder, offene Kulturflächen mit Versteckmöglichkeiten.

Verbreitung: In ganz Europa und in Teilen Vorderasiens verbreitet. Kommt bis zur Waldgrenze vor.

Ähnliche Arten: Weibliches Damwild *(Dama dama)* ist deutlich größer und hat ein andere Form des Spiegels, mit männlichem Damwild besteht keine Verwechslungsgefahr.

Rothirsch *(Cervus elaphus)* 10

A *Männchen mit imposantem Geweih*
B *Alte Männchen besonders zur Brunftzeit mit Halsmähne*
C *Sommerfell rotbraun gefärbt*

Merkmale: KRL 160–245 cm, SL 12–15 cm, Schulterhöhe max. 150 cm; Gewicht 80–250 kg. Männchen deutlich größer und massiger als Weibchen. Winterfell graubraun (ab September/Oktober), Spiegel gelblich-braun; Hirschkälber braun mit weißen Flecken. Imposantes Röhren der Männchen während der Brunftzeit. Geweih mit bis zu 24 Enden und 10 kg Gewicht, im 1. Jahr nur als kurze Spieße (»Spießer«), die sich im folgenden Jahr verzweigen (»Gabler«). Voll ausgebildete Geweihe haben über 20 Enden, danach entwickelt sich das Geweih wieder zurück, am größten ist es zwischen 10. und 14. Lebensjahr. Ab Januar/Februar wird das Geweih abgeworfen und ist im Juli wieder voll ausgebildet. Während des Wachstums ist es von einer Basthaut bedeckt, die nach Abschluss der Verknöcherung an Büschen und Bäumen abgefegt wird.

Lebensweise: Außerhalb der Brunftzeit in getrenntgeschlechtlichen Rudeln; während der Brunftzeit (von Mitte September bis Oktober) versucht der Platzhirsch, ein Hirschkuhrudel zusammenzutreiben und sich mit allen Hirschkühen zu paaren. Männchen nehmen ca. ab dem 6. Lebensjahr an der Brunft teil. Im Frühjahr wird 1 Junges geboren (ausnahmsweise zwei), das im Gras abgelegt wird, dort die ersten Tage bleibt und nur zum Säugen aufgesucht wird. Jungtiere werden ca. 5–7 Monate gesäugt. Nach 1½ Jahren sind die Tiere geschlechtsreif. Die Nahrung ist pflanzlich und besteht z.B. aus Gräsern, Kräutern und Eicheln, aber auch Feldfrüchten. Alte Rothirschmännchen haben keine natürlichen Feinde, schwache Alttiere und Kälber können von Wolf und Luchs gerissen werden. Hirsche werden in freier Wildbahn max. 15–20 Jahre alt, in Haltung bis zu 27 Jahre.

Lebensraum: Lichte Laub- und Mischwälder mit angrenzenden Wiesen und Weiden oder Feuchtgebieten mit Schilfbewuchs.

Verbreitung: Fast in ganz Europa.

Ähnliche Arten: Aufgrund der Größe von anderen Hirscharten und dem Reh unterscheidbar.

♀
C
9

A
♂
B
♀
10

10 ♂

Gämse *(Rupicapra rupicapra)* 11

A *Hakenförmige Hörner*
B *Schwarz-weiße Gesichtszeichnung*
C *Schwarzer Aalstrich*

Merkmale: KRL 110–135 cm, SL 5–10 cm, Schulterhöhe max. 85 cm; Gewicht meist zwischen 20 und 30 kg, ausnahmsweise bis zu 60 kg. Männchen größer und stärker als Weibchen. Beide Geschlechter haben Hörner. Fellfärbung im Sommer hellbraun, im Winter schwarzbraun; schwarze Beine und Schwanz, schwarzer Aalstrich am Rücken, schwarz-weiße Kopfzeichnung. Die langen Rückenhaare können aufgestellt werden, um v.a. während der Brunftzeit größer und imposanter zu erscheinen (aus diesen Rückenhaaren besteht der Gamsbart). Der eigenartige Pfiff entsteht durch ruckartiges Ausstoßen der Luft durch die Nasenlöcher.
Lebensweise: Hervorragender Kletterer. Außerhalb der Brunftzeit (November/Dezember) leben die Geißen mit dem Nachwuchs und den Jährlingen meist in Rudeln; die Böcke bilden eigene Rudel, alte Böcke können auch Einzelgänger sein. Im Mai/Juni wird meist 1 Kitz (selten 2) geboren, das ca. 6 Monate gesäugt wird, aber noch bis zum nächsten Jahr bei der Mutter bleibt. Gämsen ernähren sich im Sommer überwiegend von Gräsern, Kräutern etc., im Winter auch von Baumrinden und Trieben von Bäumen und Sträuchern. Feinde sind Bär, Wolf und Luchs, für Kitze auch Steinadler. Die Lebensdauer beträgt in freier Natur bis zu 22 Jahre.
Lebensraum: Bergwälder, auch Felsregionen oberhalb der Waldgrenze bis auf 3000 m.
Verbreitung: In vielen Hoch- und Mittelgebirgen Europas.
Ähnliche Arten: Unverwechselbar schon allein durch die auffällige Schwarz-weiß-Zeichnung im Gesicht.

Alpensteinbock *(Capra ibex)* 12

A *Stämmige Statur*
B *Bock mit bis zu 1 m langen Hörnern und Kinnbart*
C *Kaum Scheu vor Menschen*

Merkmale: KRL 100–160 cm, SL 12–15 cm, Schulterhöhe max. 95 cm; Gewicht 50–120 kg. Hörner bei Geißen max. 35 cm lang, bei Männchen bis 1 m und mit auffälligen, quer verlaufenden Verdickungen. Alte Böcke im Sommer rötlich- bis kastanienbraun, im Winter dunkelgrau; Bauch bei Böcken weißlich; Geißen und Jungböcke meist heller, eher hellbraun, Kitze noch etwas heller.
Lebensweise: Hervorragender Kletterer. Lebt außerhalb der Brunftzeit (Dezember/Januar) meist in getrenntgeschlechtlichen Rudeln (weibliche Rudel aber auch mit männlichen Jährlingen), im Mai/Juni wird meist 1 Kitz (selten 2) geboren, das noch ca. 6 Monate gesäugt wird. Ernährt sich im Sommer überwiegend von Gräsern, Kräutern etc., im Winter auch von Rinden, Flechten und Moosen. Ausgewachsene Tiere haben keine Feinde, doch sind Verluste durch Abstürze und Lawinenabgänge keine Seltenheit. Die Lebensdauer beträgt in freier Natur bis zu 15 Jahre, in Haltung auch bis zu 20 Jahre. Anfang des 19. Jahrhunderts war der Steinbock im gesamten Alpenraum bis auf etwa 50–100 Tiere im italienischen Gran Paradiso ausgerottet. Dank strenger Schutzmaßnahmen hat sich der Bestand bis heute auf geschätzte 30.000–50.000 Individuen erhöht.
Lebensraum: Steile Felshänge bis über 3000 m; im Winter oft an steilen, nach Süden ausgerichteten Hängen, die weitgehend schneefrei bleiben.
Verbreitung: Alpen.
Ähnliche Arten: Unverwechselbar.

11

C
11

A
B
11

B
12 ♂

12

♀
12

Dachs *(Meles meles)* 13

A *Silbergraue Fellfärbung*
B *Plumper Körperbau mit kurzen Beinen*
C *Charakteristische schwarz-weiße Gesichtszeichnung*

Merkmale: KRL 70–90 cm, SL 11–17 cm; Gewicht meist zwischen 8 und 18 kg, ausnahmsweise bis zu 24 kg. Kurzer Schwanz, langgezogener Kopf mit schmaler Schnauze, Augen und Ohren relativ klein. Ohren an den Rändern weiß, Füße schwarz.
Lebensweise: Überwiegend nachtaktiv. Lebt meist in Familiengruppen von bis zu 10 Tieren in selbst gegrabenen Bauen, die über 100 Jahre lang benutzt werden können; es gibt aber auch Einzelgänger und Paar-Gemeinschaften. Allesfresser, der sich gerne von Regenwürmern ernährt; Beeren, Früchte, Mais und Pilze werden aber auch angenommen, außerdem werden Insekten, kleine Nager und Eier erbeutet. Es kann eine mehrwöchige Winterruhe im Bau gehalten werden, die aber immer wieder unterbrochen wird. Die Paarungszeit liegt je nach Alter der Weibchen zwischen Februar und Juni (alte Weibchen früher). Im darauffolgenden Frühjahr (Februar/März) werden meist 2–3, aber auch bis zu 5 Junge geboren, die anfangs noch blind sind. Die Jungen werden ca. 12 Wochen lang gesäugt und sind im Alter von ca. 5 Monaten selbstständig, bleiben aber vorerst im Familienverband. Feinde sind Luchs und Wolf, Jungtiere können auch vom Uhu erbeutet werden; die meisten Opfer gibt es jedoch durch den Straßenverkehr. Dachse erreichen in freier Wildbahn ein Alter von 3–5 Jahren, in Haltung können sie über 17 Jahre alt werden.
Lebensraum: Wälder mit angrenzenden offenen Bereichen bis über 2000 m; ausnahmsweise auch naturnahe Parks und Feldgehölze.
Verbreitung: In fast ganz Europa bis zum Südkaukasus.
Ähnliche Arten: Unverwechselbar; bei schlechter Sicht ist allenfalls eine Verwechslung mit dem Marderhund *(Nyctereutes procyonoides)* und dem Waschbär *(Procyon lotor)* denkbar, die aber beide nicht in den Alpen verbreitet sind. Dachse haben aber einen kurzen hellgrauen Schwanz, weiße Ohrränder und eine typische Streifenzeichnung im Gesicht. Der Dachsbau kann leicht mit einem Fuchsbau verwechselt werden, zeichnet sich jedoch meist durch eine Schleifrinne am Ausgang aus.

Baummarder *(Martes martes)* 14

A *Ungegabelter gelblicher Kehlfleck*
B *Nase braun*
C *Waldbewohner*

Merkmale: KRL 36–56 cm, SL 23–28 cm; Gewicht 0,8–1,8 kg. Fellfärbung kastanienbraun. Der Kehlfleck erstreckt sich nicht auf die Vorderbeine und kann ausnahmsweise auch weiß sein (v.a. bei Jungtieren). Ohren gut sichtbar mit gelblich-weißer Umrandung.
Lebensweise: Sehr guter Kletterer. In ungestörten Wäldern auch tagaktiv. Versteckt sich in Baumhöhlen, Greifvogelnestern oder Eichhörnchenkobeln, aber auch in Höhlen und Spalten am Boden. Ernährt sich im Sommer und Herbst gerne von Früchten und Beeren, erbeutet sonst Nager, Insekten, Jungvögel und Eier. Paarungszeit ist im Hochsommer. Im darauffolgenden Frühjahr (März/April) werden meist 2–5, aber auch bis zu 8 Junge geboren, die anfangs noch blind und fast nackt sind. Im Alter von ca. 4–5 Monaten sind sie dann selbstständig. Feinde sind Luchs, Wolf und Fuchs, gelegentlich auch Hunde; die meisten Opfer gibt es jedoch durch den Straßenverkehr. Baummarder erreichen ein Alter von 8–10 Jahren.

A
C
B
13

B
A
14

Lebensraum: Wälder jeglicher Art bis ca. 1800 m; ausnahmsweise auch Parks, Friedhöfe und städtische Bereiche.
Verbreitung: Fast in ganz Europa bis Ostsibirien.
Ähnliche Arten: Der Steinmarder *(Martes foina)* hat einen weißen, gegabelten Kehlfleck, er fühlt sich v.a. in der Nähe menschlicher Siedlungen wohl, hat kürzere Beine und unbehaarte Fußsohlen.

Steinmarder *(Martes foina)* 15

A *Gegabelter weißer Kehlfleck*
B *Nase rosa oder hellbraun*
C *Helle Unterwolle*

Merkmale: KRL 40–54 cm, SL 20–30 cm; Gewicht 1–2,3 kg. Fellfärbung braun, aufgrund der hellen Unterwolle oft aber etwas gräulich wirkend. Die Ohren haben einen weißen Rand; der Kehlfleck kann ausnahmsweise gelblich getönt sein, ist in der Regel gegabelt und erstreckt sich bis auf die Vorderbeine.
Lebensweise: Sehr guter Kletterer und sehr anpassungsfähig. Fast ausschließlich nachtaktiv. Allesfresser; ernährt sich im Sommer gerne von Früchten und Beeren, erbeutet sonst Nager, Insekten, Vögel, Frösche, Eier etc. Paarungszeit ist zwischen Juni und August. Im darauffolgenden Frühjahr (März/April) werden meist 2–5, aber auch bis zu 7 Junge geboren, die anfangs noch blind und fast nackt sind. Im Alter von ca. 4 Monaten sind sie dann selbstständig. Feinde sind Luchs, Wolf und Fuchs, gelegentlich auch Hunde; die meisten Opfer gibt es jedoch durch den Straßenverkehr. Steinmarder erreichen ein Alter von ca. 10 Jahren, in Haltung bis zu 18 Jahren.
Lebensraum: Wälder, Geröllhalden, menschliche Siedlungen (dort gerne in nicht ausgebauten Dachböden); war ursprünglich ein Felsbewohner; bis weit über 2000 m.
Verbreitung: In weiten Teilen Europas und Asiens verbreitet, nicht jedoch in den nördlichen Zonen.
Ähnliche Arten: Der Baummarder *(Martes martes)* hat einen gelblichen ungegabelten Kehlfleck und meidet die Nähe von Menschen; er hat längere Beine und behaarte Fußsohlen.

Hermelin *(Mustela erminea)* 16

A *Schwarze Schwanzquaste*
B *Weißer Bauch und Hals*
C *Felloberseite im Sommer braun, im Winter rein weiß*

Merkmale: KRL 19–30 cm, SL 7–14 cm. Männchen größer als Weibchen, langgestreckt. Das braune Fell weicht Ende Oktober/Anfang November einem weißen Winterfell, das Hermelin ist dann reinweiß bis auf die schwarzen Augen, die schwarze Nase und die schwarze Schwanzquaste. Im April/Mai erfolgt der Fellwechsel in ein braunes Sommerfell. Die Ohren haben einen hellen Rand; während der Übergangszeit wirken die Tiere oft gescheckt.
Lebensweise: Tag-, dämmerungs- und nachtaktiv. Typischer Sprunglauf, bei dem immer wieder »Männchen gemacht wird«. Ernährt sich überwiegend von Wühlmäusen, kann aber auch Tiere bis Kaninchengröße erbeuten; auch Jungvögel, Eier und Frösche werden gefressen. Bei gutem Nahrungsangebot können Vorräte angelegt werden. Unbewegliche Beutetiere werden nicht erkannt und daher durch Stöbern zur Flucht veranlasst. Sie entkommen dann so gut wie nie. Die Tötung erfolgt durch einen Nackenbiss. Paarungszeit ist zwischen Mai und Juli. Im darauffolgenden Frühjahr (April/Mai)

A
B
15

C
B
A
16

C
16

werden je nach Nahrungsangebot 2–10 Junge geboren, die anfangs noch blind und fast nackt sind. Sie werden ca. 6 Wochen gesäugt und sind im Alter von ca. 2 Monaten selbstständig. Hermeline sind Beute von zahlreichen tag- und nachtaktiven Greifvögeln sowie im Prinzip von allen Beutegreifern, wie z.B. dem Fuchs. Sie erreichen ein Alter von ca. 2 Jahren, in Haltung bis über 11 Jahre.
Lebensraum: Offenes Gelände mit vielen Versteckmöglichkeiten, wie z.B. Steinhaufen oder Holzstapeln; geschlossene Waldgebiete werden gemieden; bis 3000 m.
Verbreitung: In den gemäßigten und subarktischen Zonen der Nordhalbkugel; in Europa nicht in Italien, dem Mittelmeerraum und großen Teilen der Iberischen Halbinsel.
Ähnliche Arten: Das Mauswiesel *(Mustela nivalis)* ist kleiner und hat einen kürzeren Schwanz ohne schwarze Endquaste.

Mauswiesel *(Mustela nivalis)* 17

A *Relativ kurzer Schwanz ohne schwarze Endquaste*
B *Trennlinie zwischen brauner Ober- und weißer Unterseite bei Unterart Mustela nivalis vulgaris unregelmäßig*
C *Kleinstes Raubtier der Welt*

Merkmale: KRL 12–25 cm, SL 3–8 cm. Männchen größer als Weibchen. Je nach geografischer Lage starke Variationen in Größe und Färbung. Lang gestreckter Körperbau. Die braune Fellfärbung weicht bei der Unterart *Mustela nivalis nivalis* (Zwergwiesel), die in den Alpen vorkommt, einem weißen Winterfell, im Sommer hat die Unterart *Mustela nivalis vulgaris*, die ebenfalls in den Alpen vorkommt, an der Kehle zwei braune Flecken, die Ohren haben keinen hellen Rand.
Lebensweise: Tag-, dämmerungs- und nachtaktiv. Ernährt sich überwiegend von Wühlmäusen, die das Mauswiesel auch mühelos in ihren Gängen verfolgt; kann aber auch andere Tiere, wie junge Hasen oder Vögel, erbeuten. Bei gutem Nahrungsangebot können Vorräte angelegt werden. Unbewegliche Beutetiere werden nicht erkannt und daher durch Stöbern zur Flucht veranlasst. Sie entkommen dann so gut wie nie. Die Tötung erfolgt durch einen Nackenbiss. Paarungszeit ist im Februar/März. In Jahren mit gutem Nahrungsangebot können zwei Würfe erfolgen, meist im April/Mai und Juli/August, obwohl Geburten fast das ganze Jahr über möglich sind. Die 4–6 Jungen sind anfangs noch fast nackt und blind, sie werden ca. 8 Wochen gesäugt und sind im Alter von ca. 3 Monaten selbstständig. Mauswiesel sind Beute von zahlreichen tag- und nachtaktiven Greifvögeln sowie im Prinzip von allen Beutegreifern, wie z.B. dem Fuchs. Sie erreichen ein Alter von ca. 1½ Jahren, in Haltung bis zu 9 Jahren.
Lebensraum: Alle Lebensräume mit vielen Versteckmöglichkeiten und gutem Nahrungsangebot bis 2400 m.
Verbreitung: Gemäßigte und subarktische Zonen der Nordhalbkugel.
Ähnliche Arten: Das Hermelin *(Mustela erminea)* ist größer und hat einen längeren Schwanz mit schwarzer Endquaste.

Eurasischer Luchs *(Lynx lynx)* 18

A *Pinselohren*
B *Backenbart*
C *Geflecktes Fell*

Merkmale: KRL 80–120 cm, SL 16–23 cm, Schulterhöhe bis zu 60 cm; Gewicht 20–36 kg. Männchen größer als Weibchen. Katze mit kurzem Schwanz; langbeinig,

17

18

Hinterläufe deutlich länger als Vorderläufe. Fell rötlich-braun bis beige-braun mit dunklen Flecken, im Winter weniger kontrastreich, Bauch hell, Schwanzspitze schwarz. Bis zu 6 cm lange Ohrpinsel.

Lebensweise: Einzelgänger mit großen Revieren (Männchen bis zu 400 km^2, im Extremfall bis zu 1500 km^2), sehr scheu. Ernährt sich überwiegend von Rehen, Hirschkühen und Gämsen, die angepirscht und mit einem Sprung überrascht werden, erbeutet aber auch kleinere Säugetiere sowie Vögel. In erster Linie werden schwache und kranke Tiere geschlagen, der Luchs erfüllt daher eine wichtige Funktion im Naturkreislauf. Männchen und Weibchen finden nur während der Paarungszeit zwischen Februar und April zusammen. Nach einer Tragzeit von 67–74 Tagen werden im Mai/Juni meist 2–3 Junge geboren, die nach 6–10 Monaten selbstständig sind und im Alter von etwa einem Jahr das Revier der Mutter verlassen. Alttiere haben, außer eventuell dem Wolf, keine natürlichen Feinde, werden aber Opfer im Straßenverkehr und von illegalem Abschuss. Eurasische Luchse waren in den Alpen bereits ausgerottet, kehren aber dank spezieller Wiederansiedlungsprogramme in den angestammten Lebensraum zurück. Sie werden in freier Wildbahn 10–17 Jahre alt, in Gefangenschaft bis zu 25 Jahre.

Lebensraum: Ausgedehnte, ursprüngliche Wälder, gerne mit Felsen durchsetzt; bis zur Waldgrenze. Bis 2500 m.

Verbreitung: Gemäßigte und subarktische Zonen der Paläarktis; in Europa nur in Nordeuropa flächendeckend, sonst nur Einzelvorkommen in Mittel- und Osteuropa.

Ähnliche Arten: Im behandelten Gebiet unverwechselbar.

Rotfuchs *(Vulpes vulpes)* 19

A *Buschiger Schwanz*
B *Rötliches Fell*
C *Rückseite der Ohren und Vorderseite der Beine schwarz gefärbt*

Merkmale: KRL 50–82 cm, SL 30–49 cm, Schulterhöhe bis zu 40 cm; Gewicht 4–10 kg. Männchen größer als Weibchen. Rötliches Fell; Lippen, Kehle, Bauch und Schwanzspitze weiß; verschiedene Farbvarianten kommen vor. Längliches Gesicht mit spitzer Schnauze.

Lebensweise: Der Rotfuchs ist sehr lernfähig und kann sogar Spaziergänger und Landwirte von Jägern unterscheiden. Meist dämmerungs- und nachtaktiv; wo er nicht verfolgt wird, ist er aber auch häufig tagaktiv und nicht scheu. Allesfresser, der sich auch von Haushaltsabfällen ernähren kann. Hauptbeute sind aber Wühlmäuse, die der Fuchs dank seines hervorragenden Gehörs selbst unter der Erde wahrnehmen kann und mit einem typischen »Mäusesprung« erbeutet. Kann auch Rehkitzen gefährlich werden; ansonsten werden Bodenbrüter, Eier, Würmer, Insekten etc. gefressen. Im Sommer und Herbst ergänzen Früchte, Beeren und Pilze das Nahrungsspektrum. Bei reichlichem Nahrungsangebot können auch Vorräte angelegt werden. Durch den Kot des Fuchses kann der für den Menschen gefährliche Fuchsbandwurm verbreitet werden. Auch die Tollwut kann durch den Fuchs übertragen werden. Groß angelegte Aktionen mit ausgelegten Impfködern, um die Füchse gegen die gefürchtete Tierseuche immun zu machen, waren aber sehr erfolgreich, sodass die Übertragung kaum mehr eine Rolle spielt. Trotzdem sollte bei einer Bisswunde unverzüglich ein Arzt aufgesucht werden. Der Bau wird oft selbst gegraben, aber auch verlassene Dachsbaue oder natürliche Höhlen unter Baumwurzeln oder zwischen Felsen werden angenommen. Paarungszeit ist im Januar/Februar. Nach einer Tragzeit von 51–54 Tagen werden im April/Mai meist 3–5 Junge geboren, die noch blind sind. Nach 3–4 Wochen verlassen sie erstma-

18

18

B
A
19

19

lig den Bau und können dann schon von den Eltern vorverdaute Nahrung fressen. Entwöhnt werden sie im Alter von 6–8 Wochen, selbstständig werden sie dann nach ca. 3 Monaten. Rüde (Männchen) und Fähe (Weibchen) ziehen die Jungen zusammen groß. Alttiere können vom Wolf oder wildernden Haushunden, vom Luchs und vom Steinadler erbeutet werden. Füchse werden oft Opfer im Straßenverkehr. In freier Wildbahn werden sie 10–12 Jahre alt, in Gefangenschaft bis zu 15 Jahre.

Lebensraum: Sehr anpassungsfähig; praktisch alle Lebensräume werden besiedelt, die geeignete Nahrung und Verstecke zur Fortpflanzung bieten. Aufgrund des reichhaltigen Nahrungsangebots (Abfälle!) gerne auch in der Nähe des Menschen in Siedlungen und Städten. Kommt überall vor, wo der Mensch ist (auch auf der Zugspitze), bis ca. 3000 m, meist nur bis ca. 2500 m.

Verbreitung: Kommt praktisch in der gesamten Paläarktis und Nearktis sowie in Teilen Nordafrikas und auf der ganzen arabischen Halbinsel vor, auch in Asien weit verbreitet, in Australien eingebürgert.

Ähnliche Arten: Im behandelten Gebiet nicht zu verwechseln. Streunende Hauskatzen mit ähnlicher Fellfärbung haben keinen buschigen Schwanz und eine runde Kopfform.

Wolf *(Canis lupus)* 20

A *Relativ hochbeinig*
B *Übergang von der Stirn zur Schnauze flach*
C *Meist schwarze Schwanzspitze*

Merkmale: KRL 100–160 cm, Schulterhöhe bis zu 80 cm; Gewicht 25–70 kg. Männchen größer als Weibchen. Typisch gefärbte Tiere haben ein gelbbraun bis dunkel ockerfarbenes Fell; die Oberseite wirkt grau meliert mit einem schwarzen Rückenstrich; die Schwanzspitze ist schwarz; Kehle, Wangen, Bauch und Beine sind hell gefärbt. Im Winter ist das Fell insgesamt heller; die Fellfärbung variiert aber stark, so kommen sowohl ganz helle als auch schwarze Individuen vor. Die Ohren sind relativ kurz, breit und dreieckig, die Augen stehen leicht schräg, die Iris ist hellgelb; buschiger Schwanz.

Lebensweise: Meist dämmerungs- und nachtaktiv, kann aber auch am Tag beobachtet werden; sehr scheu. Ernährt sich hauptsächlich von Huftieren (Reh, Hirsch, Wildschwein), die nach einer Hetzjagd in der Gruppe erlegt werden. Wenn die Beute leicht erreichbar ist, wird auch einzeln gejagt; auch Weidetiere werden erbeutet. Lebt unter ungünstigen Umständen auch von kleineren Tieren und Früchten sowie Aas. Meist werden kranke und schwache Tiere gerissen, sodass ein intaktes Wolfsrudel als Gesundheitspolizei des Waldes fungieren kann. Ein Rudel umfasst meist 5–10 Individuen, bestehend aus Alphamännchen und -weibchen sowie den erwachsenen Jungtieren. Nur das dominante Paar pflanzt sich fort. Der Bau kann selbst gegraben werden, aber es werden auch verlassene Dachs- und Fuchsbaue erweitert; auch natürliche Höhlen unter Baumwurzeln etc. werden angenommen. Paarungszeit ist zwischen Dezember und März. Nach einer Tragzeit von 61–65 Tagen werden im April/Mai meist 4–7 Junge geboren, die noch blind sind. Nach 3–4 Wochen können sie dann schon vorverdaute Nahrung der Eltern oder anderer Rudelmitglieder fressen, selbstständig werden sie nach ca. 6 Monaten. Die jüngeren Weibchen im Rudel helfen teilweise bei der Jungenaufzucht. Geschlechtsreife Männchen und junge Weibchen verlassen nach 1–2 Jahren das Revier und streifen dann oft hunderte Kilometer umher. Wölfe haben keine natürlichen Feinde, können aber Opfer im Straßenverkehr werden. In freier Wildbahn werden sie kaum über 10 Jahre alt,

A
20

in Gefangenschaft bis zu 20 Jahre. Der Wolf ist die Stammform aller Haushunde; Wölfe können sich auch heute noch mit Hunden kreuzen.

Lebensraum: Lebt bevorzugt in ausgedehnten Wäldern bis über 2000 m, wo es keine Störungen gibt, ist aber sehr anpassungsfähig und besiedelt die arktische Tundra genauso wie die Wüsten Zentralasiens.

Verbreitung: Der Wolf war aufgrund starker Bejagung zu Beginn des 20. Jahrhunderts in den Alpen ausgestorben. Durch natürliche Zuwanderung werden die Alpen allmählich wieder besiedelt, stabile Populationen gibt es zur Zeit in den Westalpen; Tiere auf Wanderschaft können aber überall in den Alpen angetroffen werden. Ansonsten ist der Wolf in vielen Unterarten in weiten Teilen Europas, Asiens und Nordamerikas verbreitet.

Ähnliche Arten: Im behandelten Gebiet nicht mit anderen Wildtieren zu verwechseln. Hunde haben kürzere Beine und längere Ohren, zudem hängen die kurzen Ohren der Wölfe niemals herab. Laufende Wölfe halten den Kopf meist etwas gesenkt und der Schwanz hängt nach unten.

Braunbär *(Ursus arctos)* 21

A *Mächtiger runder Kopf*
B *Hervorstehende Schulterblätter*
C *Runde kleine Ohren*

Merkmale: KRL 150–260 cm, SL 8–14 cm, Schulterhöhe max. 135 cm; Gewicht 100–230 kg, ausnahmsweise bis zu 270 kg. Männchen größer als Weibchen. Plumper Körperbau. Fellfärbung einheitlich braun, kann aber von hellbraun über rötlichbraun bis zu schwarzbraun variieren, Jungtiere oft mit heller Halsbandzeichnung. Schwanz sehr kurz.

Lebensweise: Tag- und nachtaktiver Einzelgänger, sehr scheu. Allesfresser und Nahrungsopportunist. Ernährt sich von Aas und gerissenen Tieren bis etwa zur Größe eines weiblichen Hirschs (junge und kranke Tiere werden bevorzugt); auch Gräser, Kräuter, Honig, Beeren, Früchte, Pilze und Fische werden gefressen sowie Insekten und Würmer. Große Beutetiere werden mit Erde und Laub zugedeckt und in den darauffolgenden Tagen regelmäßig aufgesucht. Im Herbst werden Fettreserven angelegt. Anschließend wird in einer geschützten, ausgepolsterten Höhle eine zwei- bis maximal sechsmonatige Winterruhe gehalten, die oft unterbrochen wird; die Körpertemperatur sinkt nur geringfügig ab, bis zum Frühjahr verlieren die Braunbären aber bis zu 40 % ihres Körpergewichts. Bären erreichen auf kurzen Strecken eine Geschwindigkeit von bis zu 50 km/h. Paarungszeit ist zwischen April und Juni. Nach einer Tragzeit von 6–7 Monaten (ausnahmsweise bis zu 9 Monaten) werden zwischen Dezember und Februar 1–5, meist 2 Junge geboren, die blind, fast nackt und nicht viel größer als eine Ratte sind. Sie werden mindestens 4 Monate gesäugt und verbleiben bis zur Geschlechtsreife mit 3–4 Jahren bei der Mutter. Danach streifen sie auf der Suche nach einem Revier oft hunderte Kilometer umher. Braunbären haben ein relativ geringes Sehvermögen. Sie haben keine natürlichen Feinde, doch werden Jungbären von alten männlichen Bären getötet und gefressen. Braunbären werden in freier Wildbahn bis zu 15 Jahre alt, in Gefangenschaft bis zu gut 45 Jahre.

Lebensraum: Hauptsächlich bewaldete Gebirgsregionen, wo es keine Störungen gibt; besiedelt aber auch die Tundra sowie Küstenregionen; bis über 2000 m, meist aber unter 1600 m.

Verbreitung: Auf dem Balkan und in Skandinavien verbreitet, sonst in Europa nur noch verstreut in den Alpen, Karpaten, Abruzzen und Pyrenäen; Mehrere Unterarten in Nordamerika und Nordasien.

Ähnliche Arten: Im behandelten Gebiet nicht zu verwechseln.

B
20

C
B
A
21

Fledermäuse *(Microchiroptera)* 22

A *Aktiver Flug*
B *Ultraschall-Echoortung*
C *Sehr artenreiche Säugetiergruppe*

Merkmale: Fledermäuse bilden mit den Flughunden *(Megachiroptera)* die Ordnung der Fledertiere *(Chiroptera)*. Diese sind die einzigen Säugetiere, die aktiv fliegen können. Die vorderen Extremitäten haben sich zu Flügeln entwickelt und auch Ober- und Unterschenkel sowie meist der Schwanz sind durch eine Schwanzflughaut verbunden. Fledermäuse orientieren sich mittels Ultraschall-Echoortung. Sie können damit ein »Hörbild« der Umgebung erstellen und so auch ihre Beute erkennen. Die Beute wird mit dem Maul gefangen, wobei die Flughaut oft zu Hilfe genommen wird. Die Zehen der freien, gut beweglichen Hinterfüße sind nach hinten gekrümmt, sodass sich Fledermäuse damit kopfüber an Wänden und Decken festkrallen können.

Lebensweise: Dämmerungs- und nachtaktiv. In den Alpen vorkommende Arten ernähren sich fast nur von Insekten, die im Flug gefangen werden. Paarungszeit ist im Herbst, selten auch im Frühjahr. Etwa ab Mai suchen die Weibchen sogenannte Wochenstuben auf. Dort versammeln sich ca. 20 bis über 1000 Weibchen, um je 1–2 Junge zu gebären; sehr selten kommt es zu Drillingsgeburten. Die Jungen können sich mit ihren bei der Geburt schon sehr großen Füßen am Fell der Mutter oder an der Decke der Wochenstuben festhalten; nach 4–6 Wochen sind sie selbstständig. Fast alle Arten in unseren Breiten halten Winterschlaf. Dazu wird ein geeignetes Quartier aufgesucht. Dieses muss frostfrei und frei von Zugluft sein; außerdem darf es nicht zu trocken sein (Schutz vor Austrocknung). Der Herzschlag wird auf ca. 10 Schläge pro Minute reduziert (ansonsten ca. 400–600 Schläge) und die Körpertemperatur auf 0–10 °C gesenkt. Einige Arten wandern. Sie ziehen im Herbst in klimatisch günstigere Gebiete und kehren im Frühjahr wieder zurück. Fledermäuse haben nur wenige natürliche Feinde, in erster Linie sind Eulen zu nennen und in der Dämmerung jagende Marder, Füchse etc. Die größte Gefahr droht ihnen durch den Einsatz von Pestiziden und durch neue technische Errungenschaften wie Windräder. Fledermäuse werden bis zu 10 Jahre alt; bei einzelnen Arten wurden aber auch schon über 40 Jahre alte Individuen nachgewiesen.

Lebensraum: Fledermäuse meiden den menschlichen Siedlungsraum nicht und so findet man sie auf Dachböden genauso wie unter Brücken oder in Spalten und Ritzen von Hütten. Bei einem Mangel an geeigneten Naturhöhlen kann einigen Arten durch Aufhängen von Fledermauskästen geholfen werden.

Verbreitung: Fledermäuse kommen weltweit vor, sind aber vor allem in den Tropen verbreitet. Sie fehlen nur in den kältesten Regionen der Erde. Mehrere Arten kommen im Alpenraum vor, keine zeigt jedoch eine besondere Präferenz für die Bergregion. Einzelne Arten jagen in lauen Sommernächten auch auf Bergwiesen oberhalb von 1500 m und einige Tiere wurden auf weit über 2000 m nachgewiesen.

In den Alpen vorkommende Familien: In den Alpen sind Vertreter aus drei verschiedenen Fledermausfamilien zu finden. Die Zuordnung zu den Familien lässt sich bereits am Gesicht und den Ohren erkennen. Die Glattnasenfledermäuse *(Vespertilionidae)* haben keinen Nasenaufsatz, große abgerundete Ohren, die den Scheitel überragen, und einen Ohrdeckel (Tragus). Vertreter aus dieser Familie sind in den Alpen am häufigsten anzutreffen. Zu ihr zählen auch die kleinsten einheimischen Arten Bartfledermaus *(Myotis mystacinus)* und Zwergfledermaus *(Pipistrellus pipistrellus)* **22a**. Die Hufeisennasenfledermäuse *(Rhinolophidae)* **22b** sind an ihrem hufeisenförmigen Nasenaufsatz leicht zu erkennen. Die Bulldoggfledermäuse *(Molossidae)* haben eine faltige Oberlippe, nach vorne gerichtete Ohren, die sich am Scheitel berühren, und keinen Tragus.

22a

22b

Vögel

Nur wenige Tiere erfreuen sich so großer Beliebtheit wie die Vögel. Das liegt zum einen daran, dass sie leicht zu beobachten sind, zum anderen aber auch an der Faszination des Vogelflugs. Wer schon einmal einen Steinadler beobachtet hat, wie er bei beginnender Thermik an einer Hangkante entlanggleitet, sich dann ohne einen Flügelschlag in den Himmel emporschraubt und kurze Zeit später nur noch als Punkt auszumachen ist (auch Kolkraben beherrschen das recht gut), wird auch als Nicht-Ornithologe begeistert sein.

Die Klasse der Vögel ist eindeutig gekennzeichnet, sodass bereits jedes Kind einen Vogel erkennen kann. Wie alle Landwirbeltiere auch haben Vögel vier Extremitäten, von denen jedoch die beiden vorderen zu Flügeln umgebildet sind. Das Skelett ist besonders leicht gebaut und enthält hohle Knochen. Damit wird das Gewicht der Knochenmasse auf unter 10 % des Gesamtgewichts reduziert (bei Säugetieren beträgt es ca. 30 % des Gewichts), was u.a. eine Voraussetzung für den Flug ist. Zudem besitzen Vögel ein großes Brustbein mit einem vorspringenden Kiel (Carina), der als Ansatz für die sehr großen Flugmuskeln dient.

Ein weiteres deutliches Merkmal ist das Federkleid, das entweder unauffällig gefärbt (Tarnung; Bild rechts oben: Tannenhäher) oder aber, vor allem während der Paarungszeit, bunt und auffällig (Bild rechts unten: Fichtenkreuzschnabel) ist. Trotz intensiver Pflege muss es regelmäßig erneuert werden (Mauser). Wie die Säugetiere halten auch die Vögel ihre Körpertemperatur konstant, sie liegt aber mit ca. 42° C etwas höher als bei diesen. Alle Vögel legen Eier. Im Gegensatz zu den Reptilieneiern sind Vogeleier hartschalig. Sie ermöglichen dennoch den Austausch von Atemgasen, der für die Sauerstoffversorgung notwendig ist, und enthalten alle wichtigen Nährstoffe für die Entwicklung des Embryos. Auch der Schnabel ist ein Kennzeichen der Vögel. Form und Ausbildung geben bereits einen Hinweis auf die Ernährungsweise. Während z.B. Spechte einen kräftigen Meißelschnabel haben (Bild links: Dreizehenspecht), besitzen Körnerfresser einen dicken, massigen Schnabel und Insektenfresser einen dünn und spitz ausgebildeten.

Weltweit sind inzwischen über 10.000 Vogelarten beschrieben und mit fortschreitender Forschung werden ständig neue Arten entdeckt. Neue genetische Untersuchungen führen außerdem zu einer ständigen Umstellung der Systematik.

Reiherente *(Aythya fuligula)* 1

A *Leuchtend gelbe Augen*
B *Männchen mit schwarz-weißem Gefieder und langem Federschopf*
C *Weibchen dunkelbraun mit nur angedeutetem Federschopf*

Merkmale: 40–47 cm. Männchen im Schlichtkleid mit weiß-grauen Flanken und kurzem Federschopf, im Flug auffällige weiße Flügelbinde. Dunenjunge können ab dem ersten Tag tauchen und sind einfarbig braun. Das Männchen ruft eigenartig pfeifend »uiii-oo«, das Weibchen im Flug rollend »krrr-krrr-krrr«.
Lebensweise: Nahrung überwiegend tierisch (z.B. Wandermuschel), sie wird tauchend erbeutet. Reiherenten fressen aber auch an Fütterungen Brot. Nest gut versteckt in der Vegetation am Seeufer. Kurzstrecken- und Teilzieher; I–XII.
Lebensraum: Gewässer.
Verbreitung: In den Alpen bis max. 2000 m. Gesamtverbreitung: von West- und Mitteleuropa bis Ostsibirien.
Ähnliche Arten: Kann mit der Bergente (*Aythya marila*) verwechselt werden, die auf größeren Binnenseen im Alpenraum überwintert. Das Weibchen der Bergente hat aber keinerlei Ansatz eines Federschopfs und einen großen weißen Fleck an der Schnabelwurzel (bei der Reiherente entweder nicht vorhanden oder klein); das Männchen hat einen grau melierten Rücken und keinen Federschopf.
Eine weitere Entenart, die man auf Seen in den Alpen antreffen kann, ist die Stockente (*Anas platyrhynchos*) **1a**. Sie ist die bekannteste Ente und die Stammform der Hausente. Die Männchen sind gut an ihrem flaschengrünen Kopf zu erkennen, die Weibchen sind wie alle Entenweibchen unauffällig gefärbt, tragen aber wie die Männchen auch einen auffälligen blauen, weiß eingefassten Flügelspiegel. Im Schlichtkleid (ab Juni/Juli) sind die Männchen wie die Weibchen gefärbt, aber am zitronengelben Schnabel von den Weibchen noch gut unterscheidbar; in den Alpen sind Brutvorkommen über 2000 m bekannt.

Gänsesäger *(Mergus merganser)* 2

A *Roter Schnabel mit Sägezähnen*
B *Männchen mit flaschengrünem Kopf*
C *Weibchen mit braunem Kopf und zerzaustem Hinterkopf*

Merkmale: 58–66 cm. Männchen mit dunklem Rücken, flaschengrünem Kopf, weißem Hals und weißen Flanken unverkennbar; Brust und Bauch im Winter und Frühjahr oft lachsrot überhaucht. Weibchen mit braunem Kopf und deutlich abgegrenztem Kehlfeld, auf der Vorderseite des Halses bildet die Braunfärbung des Kopfes eine scharfe Grenze zur hellen Färbung des Halses, sonst überwiegend graubraun. Männchen im Schlichtkleid wie Weibchen. Meist stumm; Männchen ruft während der Balz leise »uig-a«, Weibchen guttural »kro-kro-kro« oder im Flug harte »karr«-Reihen.
Lebensweise: Ernährt sich überwiegend von Fischen; Jungvögel auch von (Wasser-) Insekten; hat aber gelernt, an Fütterungen Brot zu fressen. Transportiert die Dunenjungen in den ersten Lebenstagen gerne auf dem Rücken. Höhlenbrüter; Nest in Höhlen und Nischen sowie auf Dachböden, auch Nistkästen werden angenommen. Kurzstrecken- und Teilzieher; I–XII.
Lebensraum: Flüsse und Seen.
Verbreitung: In den Alpen bis max. 2000 m. Gesamtverbreitung: Nordhalbkugel.
Ähnliche Arten: Das Weibchen kann mit dem Mittelsäger *(Mergus serrator)* verwechselt werden, der im Winterhalbjahr auf größeren Binnenseen im Alpenraum vorkommt. Das Weibchen des Mittelsägers hat aber keine klar abgegrenzte Brust, der Übergang ist verwaschen. Der Schnabel ist länger und dünner als beim Gänsesäger.

A
B
1 ♂

A
1 ♀

♂
♀
1a

♂
♀
B
A
2

2 ♀

C
2 ♀

Bartgeier *(Gypaetus barbatus)* 3

A *Altvögel mit rost-oranger Unterseite*
B *Jungvögel überwiegend graubraun*
C *Typische kreuzförmige Flugsilhouette*

Merkmale: 110–115 cm. Sehr groß, Flügelspannweite fast 3 m. Ausgezeichneter Segler. Keilförmiger, langer Schwanz, länger als Flügelbreite. Altvogel mit hellen, rot umrandeten Augen und kleinem Borstenbüschel an der Schnabelbasis (Name!), Geschlechter gleich. Meist stumm.
Lebensweise: Ernährt sich überwiegend von Knochen und Aas; die Knochen werden dabei aus großer Höhe auf Felsen fallen gelassen, damit sie zersplittern und das begehrte Knochenmark zugänglich ist. Die rost-orange Färbung der Unterseite entsteht aufgrund von Bädern in eisenoxidhaltigem Schlamm; wenn diese nicht stattfinden, bleibt die Unterseite weiß (z.B. bei Vögeln in Gefangenschaft). Nest in Felshöhlen oder -nischen. Frühbrüter, der bereits mitten im Winter mit der Eiablage beginnt. Standvogel mit Streuungswanderungen; I–XII.
Lebensraum: Hochgebirge.
Verbreitung: Ursprünglich im gesamten Alpenraum beheimatet, dort aber aufgrund rücksichtsloser Verfolgung Anfang des 20. Jahrhunderts ausgerottet. Durch Wiederansiedlungsprojekte seit 1986 erneut vereinzelt zu beobachten. Seit 1997 erfolgreiche Bruten im Alpenraum. Gesamtverbreitung: von Afrika über Südeuropa bis Zentralasien.
Ähnliche Arten: Der Bartgeier ist allenfalls im Flug mit den anderen beiden Großgreifen in den Alpen, dem Steinadler (*Aquila chrysaetos*) und dem Gänsegeier *(Gyps fulvus)*, zu verwechseln. Die charakteristische Schwanzform und die zugespitzten langen Flügel sind aber gute Erkennungsmerkmale.

Gänsegeier *(Gyps fulvus)* 4

A *Flaumige Halskrause*
B *Langer, kaum befiederter Hals*
C *Schwarzer Schwanz und schwarze Schwingen kontrastieren stark mit den rötlich-braunen Armdecken*

Merkmale: 95–115 cm. Sehr groß, die Flügelspannweite beträgt fast 3 m. Ausgezeichneter Segler; Flügelschlag wirkt zeitlupenartig langsam. Leicht keilförmiger, kurzer Schwanz, viel kürzer als Flügelbreite. Jungvogel ähnlich Altvogel, aber mit dunklerem Schnabel und Halskrause; das Alterskleid wird nach ca. 5–6 Jahren ausgebildet. Geschlechter gleich. Meist stumm, nur am Kadaver und am Schlafplatz sind fauchende und keckernde Laute zu hören.
Lebensweise: Reiner Aasfresser. Koloniebrüter, Nest in Felshöhlen oder -nischen. Frühbrüter, der bereits zwischen Januar und März mit der Eiablage beginnt. Standvogel und Teilzieher mit Streuungswanderungen; I–XII.
Lebensraum: Felslandschaften mit extensiven Weidegebieten und Steppen.
Verbreitung: Aufgrund von Wiederansiedlungsprojekten ist der Gänsegeier im Alpenraum erneut vereinzelt zu beobachten, vor allem in den Westalpen. Gesamtverbreitung: von Nordafrika über Südeuropa bis Zentralasien; Nordindien und Bangladesch.
Ähnliche Arten: Der Gänsegeier ist allenfalls im Flug mit den anderen beiden Großgreifen in den Alpen, dem Steinadler *(Aquila chrysaetos)* und dem Bartgeier *(Gypaetus barbatus)*, zu verwechseln. Die brettartigen Flügel mit den »langen Fingern«, der kurze Schwanz und die kontrastreiche, zweifarbige Flügelunterseite sind aber gute Erkennungsmerkmale.

A
3

3

C
4

A
B
4

Habicht *(Accipiter gentilis)* 5

A *Altvogel mit blau- bis schiefergrauer Oberseite*
B *Dunkel gebänderte Unterseite*
C *Jungvogel mit bräunlicher Färbung und braun gestreifter Unterseite (»Rothabicht«)*

Merkmale: 48–62 cm. Typische Flugsilhouette mit breiten, runden Flügeln und langem Schwanz mit mehreren Binden. Geschlechter gleich, Weibchen deutlich größer. Ruft bei Erregung »gik-gik-gik«, sonst »kja« oder ähnlich dem Mäusebussard »hiäh«.

Lebensweise: Ernährt sich hauptsächlich von Vögeln bis Hühnergröße, aber auch von Säugetieren. Sehr wendiger Flieger, der seine Beute meist aus dem Hinterhalt überrascht und blitzartig zuschlägt. Großes Nest hoch in den Bäumen, das oft jahrelang benutzt wird. Standvogel mit Streuungswanderungen; I–XII.

Lebensraum: Ausgedehnte Waldgebiete aller Art mit altem Baumbestand.

Verbreitung: Im ganzen Alpenraum verbreitet, dort nicht selten; bis 1900 m. Gesamtverbreitung: in den Nadelwäldern der Taiga und der Gebirge auf der ganzen Nordhalbkugel sowie in den Wäldern der gemäßigten und der mediterranen Zone der gesamten Paläarktis.

Ähnliche Arten: Sehr ähnlich, vor allem das Weibchen, ist der Sperber *(Accipiter nisus)*, der aber deutlich kleiner ist; zudem hat der Habicht etwas längere Flügel, einen etwas kürzeren Schwanz mit breiterer Schwanzbasis und kräftigere Beine.

Sperber *(Accipiter nisus)* 6

A *Männchen mit rostroter Bänderung auf der Unterseite und schiefergrauer Oberseite*
B *Weibchen mit graubraun gebänderter Unterseite und grauer Oberseite*
C *Deutlich kleiner als der ähnliche Habicht*

Merkmale: 28–38 cm. Typische Flugsilhouette mit breiten, runden Flügeln und langem Schwanz mit mehreren Binden. Weibchen deutlich größer als Männchen. Jungvogel **6a** mit bräunlich geschuppter Oberseite und breiter brauner Bänderung auf der Unterseite. Ruft zur Brutzeit in schneller Folge »ki-ki-ki ...«, sonst meist stumm.

Lebensweise: Ernährt sich hauptsächlich von Vögeln bis Drosselgröße, das Weibchen kann auch Tauben überwältigen; nur in geringem Maß werden Säugetiere und Insekten erbeutet; im Winter werden häufig Meisen und Amseln an Fütterungen gegriffen. Sehr wendiger Flieger, der seine Beute meist aus dem Hinterhalt überrascht und blitzartig zuschlägt. Nest hoch in den Bäumen, wird jedes Jahr neu angelegt. Standvogel; I–XII.

Lebensraum: Strukturreiche Landschaften mit Baumbestand und reichhaltigem Kleinvogelangebot.

Verbreitung: Im ganzen Alpenraum, dort nicht selten; bis ca. 1700 m, ausnahmsweise auch bis 1900 m (als Brutvogel), während des Zuges auch deutlich höher. Gesamtverbreitung: weite Teile der Paläarktis.

Ähnliche Arten: Dem Weibchen sehr ähnlich ist der Habicht *(Accipiter gentilis)*. Dieser ist aber deutlich größer; zudem hat der Sperber etwas kürzere Flügel, einen etwas längeren Schwanz mit schmalerer Schwanzbasis und deutlich dünnere Beine.

Mäusebussard *(Buteo buteo)* 7

A *Gefiederfärbung sehr variabel*
B *Häufigster Greifvogel*
C *Sitzt gerne auf Warten auch neben viel befahrenen Straßen*

A
B
5

C
5

6 ♀

B
6 ♀

A
6 ♂

6a

Merkmale: 50–57 cm. Gefiederfärbung sehr variabel von fast weiß bis einheitlich dunkelbraun, oft mit hellerem Brustband; gelbe, unbefiederte Läufe. Flugsilhouette mit langen runden Flügeln und schwarzer Binde am Flügelhinterrand. Schwanz mittellang (kürzer als Flügelbreite) und immer dicht gebändert, beim Altvogel mit dunkler Endbinde. Geschlechter gleich, Jungvogel ähnlich mit hellerer Iris. Ruft typisch »hijäh«.

Lebensweise: Ernährt sich hauptsächlich von Kleinsäugern bis zur Größe junger Kaninchen, aber auch von Regenwürmern, Kröten und Aas. Segelt gern mit der Thermik und lässt dabei seinen typischen Ruf ertönen. Nest in Bäumen oder ausnahmsweise in einer Felswand. Standvogel und Kurzstreckenzieher mit Streuungswanderungen; I–XII.

Lebensraum: Strukturreiche Landschaften mit Baumbestand, im Winter auch in offenen Landschaften.

Verbreitung: Im gesamten Alpenraum verbreitet, dort häufig; bis 1500 m, ausnahmsweise bis 1900 m. Gesamtverbreitung: von Europa bis Japan.

Ähnliche Arten: Sehr ähnlich ist der Wespenbussard *(Pernis apivorus)*, der im Alpenraum bis maximal 1800 m, meist aber zwischen 400 und 1000 m vorkommt. Dieser ernährt sich hauptsächlich von sozialen Hautflüglern und ist ein Zugvogel (V–IX), Überwinterungen kommen nicht vor. Im Flug fallen beim Wespenbussard der kleinere Kopf, die schmaleren, längeren Flügel und der längere Schwanz mit den drei deutlichen Binden auf.
Im Winter besuchen gelegentlich Raufußbussarde *(Buteo lagopus)* die Niederungen der Alpenländer. Die aus dem Norden stammende Art hält sich auf offenen Flächen auf und hat wie der Mäusebussard eine sehr variable Gefiederfärbung. Im Flug unterscheidet er sich in folgenden Merkmalen vom Mäusebussard: Der Schwanz ist nie dicht gebändert; je nach Alter und Geschlecht fallen ein dunkles Bauchschild und dunkle, runde Flecken am Flügelbug auf; kennzeichnend ist auch ein weißlicher Flügelvorderrand, der von vorne gut zu sehen ist. Bei optimalen Sichtbedingungen kann man beim sitzenden Vogel die befiederten Läufe erkennen, die niemals gelb wirken.

Steinadler *(Aquila chrysaetos)* 8

A *Flügel an der Basis verschmälert*
B *Altvogel mit hellbraunen Kopf- und Nackenfedern (»Goldadler«)*
C *Einheitlich braunes Gefieder*

Merkmale: 80–95 cm, über 2 m Flügelspannweite. Ausgezeichneter Segler. Langer Schwanz, etwa so lang wie die Flügelbreite. Geschlechter gleich, Jungvogel ähnlich mit weißem Feld im Flügel und auf der Schwanzwurzel (im Flug sichtbar). Meist stumm.

Lebensweise: Ernährt sich in den Alpen je nach Gebiet von Murmeltieren, Raufußhühnern, Hasen oder jungen Paarhufern (Gämsen, Rehen, Hirschen), im Winter auch von Aas. Nest in Felshöhlen oder -nischen, auch auf Bäumen. Frühbrüter, der bereits Ende März mit der Eiablage beginnt. Standvogel und Teilzieher mit Streuungswanderungen; I–XII.

Lebensraum: Felslandschaften im Gebirge oder in abgelegenen Hochlagen.

Verbreitung: Inzwischen wieder im gesamten Alpenraum verbreitet, dort nicht selten; bis ca. 2000 m. Gesamtverbreitung: Nordafrika, Äthiopien, Europa, Asien und Nordamerika.

Ähnliche Arten: Der Steinadler ist allenfalls im Flug mit den anderen beiden Großgreifen in den Alpen, Gänsegeier *(Gyps fulvus)* und Bartgeier *(Gypaetus barbatus)*, zu verwechseln. Die an der Basis verschmälerten Flügel, die geringere Größe und der relativ lange, nicht keilförmige Schwanz sind aber gute Erkennungsmerkmale.

7

7

A
8

B
8

Turmfalke *(Falco tinnunculus)* 9

A *Männchen mit bleigrauem Kopf und Schwanz*
B *Rüttelt oft im Flug (siehe Abbildung rechts oben)*
C *Sitzt gerne auf Warten auch neben viel befahrenen Straßen*

Merkmale: 32–39 cm. Bartstreif nur wenig ausgeprägt. Männchen mit schwach gepunkteter rotbrauner Oberseite, Weibchen mit stark gepunkteter bräunlicher Oberseite und bräunlichem stark gebändertem Schwanz. Flugsilhouette mit langen spitzen Flügeln und langem Schwanz mit dunkler Endbinde. Hohe »ki-ki-ki«-Rufe in schneller Reihenfolge, in Nestnähe auch ein trillerartiges »kirrrrrr«.

Lebensweise: Ernährt sich hauptsächlich von Kleinsäugern (Wühlmäusen), aber auch Reptilien, Großinsekten und sogar Vögel werden nicht verschmäht. Baut kein eigenes Nest, sondern brütet in verlassenen Nestern in Bäumen oder in einer Felswand, auch an Gebäuden, nimmt Nistkästen an. Standvogel und Teilzieher; I–XII.

Lebensraum: Offene strukturreiche Landschaften, auch Städte und Gebirge.

Verbreitung: Im gesamten Alpenraum verbreitet, dort häufig; bis über 2000 m. Gesamtverbreitung: von Afrika südlich der Sahara über Europa bis nach Ostasien.

Ähnliche Arten: Der ebenfalls in den Alpen vorkommende Wanderfalke *(Falco peregrinus)* ist wesentlich kräftiger gebaut, hat einen auffälligen Bartstreif, einen proportional kürzeren Schwanz und eine dunkle Oberseite. In den Niederungen kommt der etwa gleich große Baumfalke *(Falco subbuteo)* vor, dieser hat jedoch eine dunkle Oberseite, einen auffallenden Bartstreifen und ist ein Zugvogel (IV–X, Überwinterungen kommen nicht vor). Der Sperber *(Accipiter nisus)* hat breitere, rundere Flügel und keine rotbraune Oberseite.

Wanderfalke *(Falco peregrinus)* 10

A *Auffälliger Bartstreif*
B *Helle Unterseite mit dunkler Querbänderung*
C *Schiefergraue Oberseite*

Merkmale: 36–48 cm. Dunkle Kopfhaube. Geschlechter gleich, Weibchen aber deutlich größer; Jungvögel **10a** auf der Unterseite kräftig gestreift und mit schmutzig brauner, geschuppter Oberseite. Flugsilhouette mit langen spitzen Flügeln und relativ kurzem, sich verschmälerndem Schwanz. Ruft rau »gräa-gräa«.

Lebensweise: Ernährt sich fast ausschließlich von Vögeln bis ca. Hühnergröße, die im Flug erbeutet werden. Kann im Sturzflug fast 200 km/h erreichen. Nest in Felswänden und -nischen, ausnahmsweise auch auf Bäumen, in Städten auch an Gebäuden, nimmt Nistkästen an. Baut wie alle Falken kein eigenes Nest, sondern brütet in Nischen oder verlassenen Nestern von z.B. Krähen. Frühbrüter, der bereits Mitte März mit der Eiablage beginnt. Standvogel; I–XII.

Lebensraum: Bewohnt fast alle Arten von Lebensräumen, solange geeignete Nistplätze (Felswände, -nischen) und ein ausreichendes Nahrungsangebot (Vögel) vorhanden sind.

Verbreitung: Dank strenger Schutzmaßnahmen wieder im gesamten Alpenraum verbreitet, dort aber nirgends häufig; bis 2000 m (meist niedriger). Gesamtverbreitung: weltweit in zahlreichen Unterarten.

Ähnliche Arten: Einziger Großfalke in den Alpen und nur mit dem Turmfalken *(Falco tinnunculus)* zu verwechseln. Dieser ist aber wesentlich schwächer gebaut, hat einen wenig ausgeprägten Bartstreif, einen proportional längeren Schwanz und eine rotbraune Oberseite.

9 ♀

9 ♂

9 ♂

10a

10

Haselhuhn *(Tetrastes bonasia)* 11

A *Tarngefieder*
B *Aufrichtbare, kurze Federhaube*
C *Unauffällige Lebensweise*

Merkmale: 35–40 cm. Oberseite graubraun, Unterseite heller mit rostroten und schwarzen Flecken; Schwanz mit dunkler Endbinde; Männchen mit schwarzer Kehle, Weibchen ähnlich, aber mit braunweiß gesprenkelter Kehle. Ruf sehr hoch und fein, ein kaum wahrnehmbares »ploritt«; Balzruf sehr hoher scharfer Pfiff aus 5–9 Silben, »siiiiie-siiiie-siie«.

Lebensweise: Ernährt sich überwiegend pflanzlich, z.B. von Knospen, Trieben, Koniferennadeln (im Winter) und Beeren, im Sommer auch von Kleintieren. Das Haselhuhn ist sehr schwer zu beobachten, es bleibt meist gut versteckt im dichten Unterwuchs verborgen, läuft aber auch auf Ästen und landet gelegentlich hoch in Bäumen. Beim Auffliegen typische Fluggeräusche (»Burren«). Bodenbrüter; die Küken sind Nestflüchter. Standvogel; I–XII.

Lebensraum: Feuchte Nadel- und Mischwälder mit viel Unterholz.

Verbreitung: Im gesamten Alpenraum verbreitet, dort selten, Verbreitungslücken in den Westalpen; bis max. 1900 m. Gesamtverbreitung: hauptsächlich im Nadelwaldgürtel der Paläarktis.

Ähnliche Arten: Das Weibchen des Auerhuhns (*Tetrao urogallus*), das einen ähnlichen Lebensraum besiedelt, sollte selbst bei schlechter Sicht schon aufgrund seiner Größe nicht mit dem Haselhuhn verwechselt werden; zudem sind die Fluggeräusche des auffliegenden Haselhuhns typisch (»burr-burr-burr«). Das Weibchen des Birkhuhns *(Tetrao tetrix)* ist ebenfalls größer als das Haselhuhn und hat einen rötlich-braunen, schwarz gebänderten Schwanz, während das Haselhuhn einen grauen Schwanz mit schwarzer Endbinde besitzt.

Alpenschneehuhn *(Lagopus muta)* 12

A *Drei jahreszeitlich verschiedene Kleider*
B *Bauch und Flügel immer weiß*
C *Befiederte Zehen*

Merkmale: 33–38 cm. Im Winter rein weißes Gefieder mit schwarzen Steuerfedern und Männchen mit schwarzem Zügelstreif; sonst braun-graues Tarngefieder, aber Bauch und Flügel immer weiß; Männchen mit rotem Wulst über dem Auge, der vor allem zur Brutzeit stark ausgeprägt ist. Weibchen ähnlich Männchen, aber mehr gelblich-braun. Balzflüge mit steilem Anflug und anschließender Gleitphase mit gefächertem Schwanz und schnellem Flügelschlag unmittelbar vor der Landung. Ruft charakteristisch tief und knarrend »arr-karr-ka-karr«.

Lebensweise: Ernährt sich überwiegend pflanzlich, z.B. von Knospen, Trieben und Beeren, im Sommer auch von Kleintieren. Flüchtet bei Störung oft zu Fuß, wenig scheu. Schlechtwetterperioden im Winter werden überbrückt, indem es sich in selbst gegrabene Schneehöhlen zurückzieht. Bildet nach der Brutzeit oft individuenreiche Trupps. Bodenbrüter; die Küken sind Nestflüchter. Standvogel; I–XII.

Lebensraum: Mit Felsen durchsetzte und lückig bewachsene Gebiete oberhalb der Baumgrenze.

Verbreitung: Im gesamten Alpenraum verbreitet, dort selten. Gesamtverbreitung: zirkumpolar in den arktischen und subarktischen Regionen der Erde sowie in einigen Hochgebirgen Europas und Asiens.

Ähnliche Arten: Nur mit dem Moorschneehuhn *(Lagopus lagopus)* zu verwechseln, das auch zirkumpolar in den arktischen und subarktischen Regionen vorkommt, aber nicht in den Alpen.

A
11 ♂

B
12 ♀

B
12 ♂

C
12 ♂

B
12 ♂

12

Birkhuhn *(Tetrao tetrix)* 13

A *Männchen mit sichelförmigen, nach außen gebogenen Steuerfedern*
B *Weibchen mit Tarngefieder*
C *Auffällige Gruppenbalz*

Merkmale: 40–60 cm. Männchen mit blau schillerndem Gefieder und rotem Wulst über dem Auge, der vor allem zur Brutzeit stark ausgeprägt ist; zur Balzzeit werden die weißen Unterschwanzdecken zur Schau gestellt. Weibchen deutlich kleiner und mit Tarngefieder. Im Flug ist eine weiße Flügelbinde erkennbar, die beim Weibchen schwächer ausgeprägt ist; Männchen zur Balzzeit mit weithin hörbaren kullernden Lauten und einem typischen Fauchen, Weibchen ruft »tschack-tschack«.
Lebensweise: Ernährt sich überwiegend pflanzlich, z.B. von Knospen, Trieben und Beeren, die Küken bevorzugen insektenreiche Nahrung. Gräbt im Winter zum Schutz vor Kälte auch Schneehöhlen. Im April/Mai findet eine auffällige Gruppenbalz an traditionellen Plätzen mit spektakulären Flattersprüngen statt. Nach der Balz sehr unauffällig und nur noch schwer zu beobachten. Bodenbrüter; Küken sind Nestflüchter. Standvogel; I–XII.
Lebensraum: Krummholzzone und Waldränder mit angrenzenden offenen Flächen.
Verbreitung: Im gesamten Alpenraum verbreitet, dort selten; bis knapp 2500 m. Ansonsten in der borealen Waldzone von Europa bis Westsibirien.
Ähnliche Arten: Das Auerhuhn (*Tetrao urogallus*) ist wesentlich größer und im Flug ist keine Flügelbinde sichtbar, das Weibchen des Auerhuhns hat zudem einen rostroten Brustfleck und einen abgerundeten statt leicht gegabelten Schwanz.

Auerhuhn *(Tetrao urogallus)* 14

A *Weibchen mit Tarngefieder und rostrotem Brustfleck*
B *Männchen bei der Balz mit fächerförmig aufgestelltem Schwanz*
C *»Gestörte« Individuen balzen auch Wanderer an*

Merkmale: 74–95 cm; größter Hühnervogel Europas. Männchen mit brauner Oberseite und dunkler Unterseite mit metallisch schimmerndem Halsbereich; weiße Flecken an Schwanz, Bauch und Schulter; etwa ein Drittel größer als Weibchen; roter Wulst über dem Auge, der vor allem zur Brutzeit stark ausgeprägt ist. Balzrufe des Männchens unverkennbar, mit kratzenden und schleifenden Lauten; ruft charakteristisch tief und knarrend »arr-karr-ka-karr«.
Lebensweise: Das Auerhuhn ernährt sich überwiegend pflanzlich, z.B. von Knospen, Trieben, Beeren und Koniferennadeln (im Winter), Küken bevorzugen insektenreiche Nahrung. Scheu. Bodenbrüter; Küken sind Nestflüchter. Standvogel; I–XII.
Lebensraum: Urwaldartige, lichte und strukturreiche Wälder mit genügend sandigen Stellen und einem ausreichenden Angebot an Ameisen und Heidelbeeren.
Verbreitung: Nur lückig in den Zentral- und Ostalpen verbreitet, fehlt in den Westalpen, in den Alpen selten; meist zwischen 1100 und 1600 m. Gesamtverbreitung: von Europa bis Sibirien.
Ähnliche Arten: Das Birkhuhn *(Tetrao tetrix)* ist wesentlich kleiner und im Flug ist eine weiße Flügelbinde sichtbar, dem Weibchen des Birkhuhns fehlt zudem der rostrote Brustfleck und es hat einen leicht gegabelten statt eines abgerundeten Schwanzes.
Im Flug kann das Weibchen mit dem etwas kleineren Haselhuhn *(Tetrastes bonasia)* verwechselt werden; dieses hat aber keine Flügelbinde und einen grauen Schwanz mit schwarzer Endbinde.

A
13 ♂

B
13 ♀

A
14 ♀

B
14 ♂

Steinhuhn *(Alectoris graeca)* 15

A *Gebänderte Flanken*
B *Roter Schnabel und rote Füße*
C *Weiße Kehle, von schwarzem Band eingefasst, das bis zur Stirn reicht*

Merkmale: 32–35 cm. Gedrungener Körperbau mit kurzem Schwanz. Oberseite überwiegend grau, Geschlechter gleich. Wenn es aufgeschreckt wird, fliegt das Steinhuhn geräuschvoll auf und flüchtet schnell talwärts aus dem Blickfeld des Beobachters. Ruft unregelmäßig mit kurzen, harten Lauten »tschi-tscheck«, manchmal durch eine schnelle Rufreihe unterbrochen.
Lebensweise: Ernährt sich überwiegend pflanzlich, z.B. von Blättern, Trieben und Beeren; die Küken bevorzugen insektenreiche Nahrung. Sehr unauffällig. Tritt im Herbst/Winter teilweise in individuenreichen Trupps auf. Bodenbrüter, Küken sind Nestflüchter. Standvogel, der im Winter tiefere Lagen aufsucht; I–XII.
Lebensraum: Mit Felsen durchsetzte, meist südexponierte Hänge, alpine Rasen mit Zwergstrauchgesellschaften.
Verbreitung: Im gesamten Alpenraum verbreitet, dort nirgends häufig, in den Nordalpen sehr selten; bis weit über 2500 m. Kommt sonst nur noch in Südosteuropa vor.
Ähnliche Arten: Östlich des Peloponnes und früher stellenweise in den Alpen ausgesetzt kommt das sehr ähnliche Chukarhuhn (*Alectoris chukar*) vor. Dieses hat eine gelbliche Kehle, einen rotbraunen Ohrdeckenfleck, einen diffusen breiteren Überaugenstreif, der nicht bis zur Stirn reicht, und kein Schwarz am Grund des Oberschnabels.

Mornellregenpfeifer *(Charadrius morinellus)* 16

A *Weißes Brustband*
B *Breiter weißer Überaugenstreif*
C *Rotbraune Brust*

Merkmale: 20–22 cm. Weibchen kontrastreicher gefärbt als Männchen. Grundfärbung beige-grau, Federn der Oberseite schiefergrau mit rostgelben Rändern; die Überaugenstreifen treffen am Nacken zusammen; schwarzer Bauch und dunkler Scheitel. Im Schlichtkleid **16a** Brustband schmal und weniger auffällig; Vögel im ersten Jahr ähnlich dem Schlichtkleid, Federn der Oberseite aber mit schwarzen Zentren. Im Flug keine Flügelbinde sichtbar. Nicht sehr ruffreudig, im Abflug gelegentlich »pürr«-Rufe hörbar.
Lebensweise: Beim Mornellregenpfeifer sind die Rollen vertauscht, das Weibchen unternimmt Balzflüge und das Männchen ist für das Brüten und die Jungenaufzucht verantwortlich. Die Weibchen leben polygam und können sich mit mehreren Männchen paaren. Bodenbrüter; Küken sind Nestflüchter. Ernährt sich von Insekten, Spinnen und anderen Wirbellosen. Oft nur geringe Scheu vor dem Menschen. Zugvogel, der hauptsächlich in Nordafrika überwintert; V–IX.
Lebensraum: Brutvogel in der Tundra und in Gebirgen oberhalb der Baumgrenze. Beim Durchzug gerne auf exponierten, steinigen Hochflächen im Gebirge, ansonsten auch auf steppenartigen Trockenflächen und auf Äckern.
Verbreitung: Vom Norden Großbritanniens und Skandinaviens bis nach Ostsibirien. Kleine Brutpopulationen existieren in zentralasiatischen Gebirgen und vorübergehend in den österreichischen und italienischen Alpen. Auf dem Durchzug (Mitte August bis Anfang September) auf geeigneten Hochflächen aber regelmäßig anzutreffen; der Cassonsgrat in der Schweiz ist z.B. ein bekanntes Durchzugsgebiet.
Ähnliche Arten: Unverwechselbar.

B
C
A
B
15

B
A
C
16

16

16a

Waldschnepfe *(Scolopax rusticola)* 17

A *Große, schwarze Knopfaugen*
B *Langer Schnabel*
C *Tarngefieder*

Merkmale: 33–35 cm; taubengroßer Schnepfenvogel. Plumper Körperbau, kurzbeinig. Sehr große Augen und hohe Stirn, Geschlechter gleich. Ab März charakteristische Balzflüge in der Abenddämmerung mit hängenden Flügeln entlang von Waldrändern, Lichtungen und Schneisen über den Baumwipfeln. Zur Balzzeit typische »quorr«- und »puits«-Rufe.
Lebensweise: Ernährt sich überwiegend von Regenwürmern, die mit dem langen Schnabel aus der Erde gezogen werden. Vorwiegend dämmerungs- und nachtaktiv. Sehr unauffällig, meist nur zu entdecken, wenn sie zufällig aufgescheucht wird und geräuschvoll auffliegt (dabei fallen der lange, nach unten gerichtete Schnabel, der rotbraune Schwanz und die gerundeten Flügel auf). Die sehr weit seitlich liegenden Augen ermöglichen einen 360°-Rundumblick; die Ohröffnungen befinden sich vor den Augen, was wahrscheinlich eine Anpassung an den Nahrungserwerb ist, da so leichter Geräusche und Schwingungen der Beute im Boden wahrgenommen werden können. Bodenbrüter; die Küken sind Nestflüchter. Kurzstreckenzieher; III–X.
Lebensraum: Feuchte Laub- und Mischwälder mit ausgeprägter Krautschicht.
Verbreitung: Im Alpenraum nur lückig verbreitet und nirgends häufig, in den Südostalpen etwas regelmäßiger und häufiger; nur ausnahmsweise über 1200 m. Gesamtverbreitung: in der borealen und gemäßigten Zone der Paläarktis.
Ähnliche Arten: Die ähnliche, aber nicht so plump wirkende Bekassine (*Gallinago gallinago*) **17a** hat gelblich-beige Längsstreifen am Kopf und auf der Oberseite, einen weißen Bauch und ist eine Zeigerart unberührter Niedermoore des Flachlands.

Flussuferläufer *(Actitis hypoleucos)* 18

A *Häufiges Wippen mit dem Hinterkörper*
B *Fliegt oft niedrig und lautstark rufend knapp über der Wasseroberfläche*
C *Im Flug weiße Flügelbinde sichtbar*

Merkmale: 19–21 cm. Weiß umrandetes, schwarzes Auge; Oberseite dunkelbraun gesprenkelt, Kehle bräunlich gestrichelt, Bauch weiß; relativ kurzbeinig. Geschlechter gleich. Typischer Flug mit steif nach unten gebogenen Flügeln, wobei schnelle Flügelschläge mit Gleitphasen abwechseln. Ruft im Flug hektisch »hidididi«, Warnruf »hiiip«, trillernder Gesang.
Lebensweise: Ernährt sich überwiegend von Insekten und deren Larven. Bodenbrüter, Küken sind Nestflüchter. Mittel- und Langstreckenzieher; IV–X.
Lebensraum: Fließgewässer mit Wildflusscharakter und Kiesbänken bis ca. 1200 m, ausnahmsweise auch bis 1700 m und höher; beim Durchzug an Gewässern aller Art, dann auch an Alpenseen bis über 2000 m.
Verbreitung: Im Alpenraum sehr lückig verbreitet, dort selten. Gesamtverbreitung: ganz Eurasien.
Ähnliche Arten: Kann im Lebensraum allenfalls mit dem Flussregenpfeifer (*Charadrius dubius*) **18a** verwechselt werden. Dieser hat aber ein schwarzes Brustband, längere Beine, einen kürzeren Schnabel und ein gelb umrandetes, schwarzes Auge. Ähnlich sind auch der Waldwasserläufer *(Tringa ochropus)* und der Bruchwasserläufer *(Tringa glareola)*, beide sind aber langbeiniger und langhalsiger und in den Alpen allenfalls während des Durchzugs zu beobachten.

A
B
C
17

17

17a

18

C
18

18a

Ringeltaube *(Columba palumbus)* 19

A *Altvogel mit weißem Fleck am Hals*
B *Im Flug halbmondförmige, weiße Flecken am Oberflügel sichtbar*
C *Größte Taube Europas*

Merkmale: 41–45 cm. Große Taube mit grauem Gefieder, Brust rosa überhaucht, Nacken grün-metallisch schimmernd; helles Auge; Schwanz mit breiter schwarzer Endbinde. Geschlechter gleich, Jungvögel **19a** mit dunklem Auge und ohne weißen Fleck am Hals. Wellenförmiger Balzflug mit steilem Aufstieg (klatschende Flügelschläge) und anschließender Gleitphase abwärts mit steifen Flügeln und gespreiztem Schwanz. Ruft meist fünfsilbig »kuu-kuu-ku-ku-ku«.

Lebensweise: Ernährt sich von Sämereien, Bucheckern, Eicheln etc. Zur Zugzeit oft in riesigen Schwärmen. »Schlampiges« Reisignest in Bäumen, oft so schütter angelegt, dass die Eier durch den Nestboden sichtbar sind. Die Jungen werden mit sogenannter Taubenmilch, einem quarkartigen Sekret, gefüttert. Hat sich vom reinen Waldvogel zum Kulturfolger entwickelt und inzwischen Siedlungen und Städte erobert. Mancherorts zum Standvogel geworden, sonst Teilzieher, der v.a. in Westeuropa überwintert; II–XI.

Lebensraum: Waldgebiete, auch Gärten und Parks, gebietsweise mitten in Städten.

Verbreitung: Im gesamten Alpenraum verbreitet und häufig; bis ca. 1600 m. Gesamtverbreitung: von Nordwestafrika über Europa bis Sibirien und südlich bis Kaschmir.

Ähnliche Arten: Jungvögel können mit der Hohltaube *(Columba oenas)* verwechselt werden, die aber normalerweise nicht in die Alpen vordringt. Junge Ringeltauben haben bereits die kennzeichnende weiße Flügelbinde und einen etwas längeren Schwanz.

Kuckuck *(Cuculus canorus)* 20

A *Weißer Bauch mit schwarzer Bänderung*
B *Oberseite, Kopf und Brust grau*
C *Typischer Revierruf des Männchens*

Merkmale: 32–34 cm. Kurze Beine, langer, grauschwarzer Schwanz mit weißen Punkten. Augen, Lidring, Schnabelbasis und Füße gelb. Weibchen ähnlich, aber mit rostbeiger Brust. Weibchen können auch in einer rotbraunen Morphe auftreten, die Bänderung erstreckt sich dann auf das gesamte Gefieder. Zur Brutzeit oft mit hängenden Flügeln und leicht angehobenem Schwanz frei sitzend auf Leitungen, Masten, Bäumen etc. Jungvögel **20a** ähnlich der rotbraunen Morphe des Weibchens, aber ohne die gleichmäßige intensive rotbraune Färbung und mit weißem Nackenfleck. Männchen ruft typisch »kuk-uk«, Weibchen lauter Triller.

Lebensweise: Ernährt sich sehr gerne von behaarten Raupen, die von anderen Vogelarten oft gemieden werden. Brutparasit, der seine Eier einzeln in Nester zahlreicher Wirtsvogelarten legt. Langstreckenzieher; IV–IX.

Lebensraum: Besiedelt unterschiedlichste Lebensräume; offene und halboffene Landschaften mit Büschen und Hecken; Misch- und Laubwälder.

Verbreitung: Im gesamten Alpenraum verbreitet, dort häufig; bis ca. 2400 m. Gesamtverbreitung: in den gemäßigten und borealen Zonen der Paläarktis sowie im Norden der asiatischen Tropen und in Nordafrika.

Ähnliche Arten: Eventuell mit dem Sperber *(Accipiter nisus)* zu verwechseln, der aber einen Hakenschnabel hat. Kann im Flug mit dem Turmfalken verwechselt werden; im Gegensatz zum Flug des Turmfalken wirkt der des Kuckucks aber kraftlos.

A
19

19a

B
19

A
20

20 ♀

B
20

20a

Uhu *(Bubo bubo)* 21

A *Augen orange*
B *Große Federohren*
C *Größte Eule der Welt*

Merkmale: 60–75 cm. Bräunliches Gefieder mit dichten dunklen Flecken und Streifen. Geschlechter gleich. Ruft zweisilbig »bu-hu«.
Lebensweise: Ernährt sich von Säugetieren bis zur Größe eines Rehkitzes und von Vögeln bis zur Größe eines Auerhuhns. Nachtaktiv. Frühbrüter, der bereits Ende Januar mit der Eiablage beginnt; Nest meist in Felswänden, bekannt sind auch Baumbruten in verlassenen Nestern anderer Vogelarten und Bodenbruten. Standvogel mit Streuungswanderungen; I–XII.
Lebensraum: Lichte Wälder im Wechsel mit offenen Landschaften und frei anfliegbaren Felsbändern; auch Steinbrüche.
Verbreitung: Im gesamten Alpenraum verbreitet, dort selten; meist bis ca. 1800 m, ausnahmsweise auch über 2000 m. Gesamtverbreitung: Nordafrika und Eurasien.
Ähnliche Arten: Aufgrund der Größe unverwechselbar.

Waldohreule *(Asio otus)* 22

A *Lange Federohren*
B *Orangerote Iris*
C *Etwa halb so groß wie der sonst ähnliche Uhu*

Merkmale: 35–40 cm. Bräunliches Gefieder mit dichten dunklen Flecken und Streifen; im Flug fällt die helle Flügelunterseite mit sichelförmigem schwarzem Fleck auf. Geschlechter gleich. Ruft wiederholt in kurzen Abständen »huh«, Jungvögel **22a** mit einem hohen, fiependen Klagelaut.
Lebensweise: Ernährt sich überwiegend von Feldmäusen, aber auch von Vögeln, Amphibien, Reptilien, Insekten, Würmern etc. Nachtaktiv. Im Winter oft individuenreiche Schlafgemeinschaften auch in Ortschaften. Nistet hauptsächlich in verlassenen Krähen- und Greifvogelnestern, nimmt Nistkörbe an. Jungvögel halten sich als sogenannte Ästlinge noch flugunfähig in der weiteren Nestumgebung auf. Standvogel mit Streuungswanderungen, einige Teilzieher; I–XII.
Lebensraum: Wälder, offene Landschaften mit Baumgruppen.
Verbreitung: Im gesamten Alpenraum verbreitet, dort häufig; bis. ca. 1600–1700 m, ausnahmsweise auch höher. Gesamtverbreitung: Nordamerika und Eurasien.
Ähnliche Arten: Die ähnliche Sumpfohreule *(Asio flammeus)* ist ein Bewohner offener Naturlandschaften wie Moore, Tundren und Dünen. Sie ist sehr selten, hat nur kleine Federohren und schwarz umrandete gelbe Augen; im Flug am besten an der schwarzen Flügelspitze von der Waldohreule zu unterscheiden.

Sperlingskauz *(Glaucidium passerinum)* 23

A *Kleinste Eule Europas*
B *Leuchtend gelbe Iris*
C *Dämmerungsaktiv*

Merkmale: 16–17 cm, nur sperlingsgroß. Oberseite braun mit feinen hellen Flecken, Unterseite hell mit braunen Strichen; weißer Überaugenstreif, Kopf mit feiner, weißer Punktierung; im Nacken zwei helle Flecken, die ein Scheingesicht erzeugen. Geschlechter gleich. Wellenförmiger, spechtähnlicher Flug. Wippt gele-

21

21

22

23

22a

gentlich mit dem Schwanz. Weibchen ruft sehr hoch und dünn »psiie«, Männchen mit Tonleiter aus fünf bis zehn ansteigenden scharfen Lauten »tschok-tschuk-tschük-tschik«.
Lebensweise: Ernährt sich überwiegend von Mäusen und Vögeln bis Drosselgröße. Dämmerungsaktiv, sitzt aber auch tagsüber auf Baumspitzen. Legt Nahrungsvorräte in Baumhöhlen an. Brütet in Baumhöhlen, meist in verlassenen Bunt- und Dreizehenspechthöhlen. Standvogel; I–XII.
Lebensraum: Naturnahe Nadel- und Mischwälder meist in Nordhanglage.
Verbreitung: Im gesamten Alpenraum verbreitet, dort aber nicht häufig, in den Westalpen seltener als in den Ostalpen; bis 1800 m. Gesamtverbreitung: boreale und gemäßigte Zone der Paläarktis.
Ähnliche Arten: Der Raufußkauz (*Aegolius funereus*) ist größer und hat einen größeren Kopf, der helle Gesichtsschleier verleiht ihm einen erstaunten Ausdruck. Zudem ist der Raufußkauz nachtaktiv und tagsüber kaum zu entdecken.

Raufußkauz *(Aegolius funereus)* 24

A *Großer Kopf*
B *Gelbe Iris*
C *Heller Gesichtsschleier*

Merkmale: 24–26 cm. Oberseite braun mit hellen Flecken, Unterseite hell mit braunen Flecken. Geschlechter gleich; Jungvögel mit einheitlich schokoladenbrauner Färbung. Der weithin hörbare Gesang besteht aus fünf- bis achtsilbigen, schneller werdenden Pfiffen (»hu-hu-hu-hu-hu-hu«) und wird im Spätherbst und Spätwinter nachts stundenlang vorgetragen.
Lebensweise: Ernährt sich überwiegend von Mäusen, zum geringen Teil von Kleinvögeln; legt Nahrungsvorräte an. Starke Bestandsschwankungen aufgrund der zyklischen Variation der Beutetiere. Nachtaktiv. Wird oft zur Beute des Waldkauzes. Höhlenbrüter, nistet bevorzugt in verlassenen Schwarzspechthöhlen, nimmt aber auch Nistkästen an. Frühbrüter, der bereits Ende Februar mit der Eiablage beginnen kann. Standvogel und Teilzieher; I–XII.
Lebensraum: Nadel- und Mischwälder.
Verbreitung: Im gesamten Alpenraum verbreitet, dort nicht häufig; bis über 2000 m. Gesamtverbreitung: zirkumpolar in der borealen und gemäßigten Waldzone.
Ähnliche Arten: Der Sperlingskauz *(Glaucidium passerinum)* ist kleiner, hat einen kleineren Kopf und aufgrund des fehlenden hellen Gesichtsschleiers einen ganz anderen Gesichtsausdruck.

Waldkauz *(Strix aluco)* 25

A *Große schwarze Augen*
B *Runder Kopf ohne Federohren*
C *Gesichtsschleier*

Merkmale: 37–42 cm. Kommt in einer grauen und in einer braunroten Farbmorphe vor. Geschlechter gleich. Männchen ruft heulend und gedehnt »hu-hu-hu-hu-huu« und Weibchen »kjuwitt«.
Lebensweise: Ernährt sich überwiegend von Mäusen, aber auch von Vögeln, Amphibien, Regenwürmern und Insekten. Nachtaktiv. Höhlenbrüter, nimmt aber auch Nistkästen an. Jungvögel halten sich als sogenannte Ästlinge noch flugunfähig in der weiteren Nestumgebung auf. Standvogel; I–XII.
Lebensraum: (Laub-)Wälder, Parks und Friedhöfe mit Altholzbeständen.
Verbreitung: Im gesamten Alpenraum

B
23

A
B
C
24

25

B
A
C
25

verbreitet, dort häufig; bis max. 1900 m, meist niedriger. Gesamtverbreitung: von Westeuropa und Nordwestafrika bis nach Iran und Westsibirien.
Ähnliche Arten: Im Gebiet unverwechselbar.

Alpensegler *(Apus melba)* 26

A *Weiße Kehle und Bauch*
B *Braunes Brustband*
C *Sichelförmige Flügel*

Merkmale: 20–22 cm. Gefieder bräunlich. Geschlechter gleich. Kurzer, gegabelter Schwanz. Im Flug ruhiger Flügelschlag, Flugbild erinnert an kleinen Falken. Ruf ein wellenförmiger Triller, der zum Schluss abfällt.
Lebensweise: Ernährt sich von Insekten, die im Flug gefangen werden. Felsbrüter, auch Gebäudebruten sind bekannt; brütet gerne in Kolonien. Langstreckenzieher, der im südlichen Afrika überwintert; III–IX.
Lebensraum: Felswände.
Verbreitung: In den West-, Süd- und Ostalpen weit verbreitet, aber nirgends häufig; in den Nordalpen extrem selten. Gesamtverbreitung: sehr lückenhaft; sie erstreckt sich von Nordwestafrika und Südeuropa bis ins südliche Mitteleuropa, von Vorderasien bis Zentralasien; auch in Indien und Sri Lanka; in Afrika wird der Süden, Südosten und Madagaskar besiedelt.
Ähnliche Arten: Der Mauersegler *(Apus apus)* ist kleiner, hat keinen weißen Bauch und macht schnelle Flügelschläge. Mauersegler fallen meist an Hochsommerabenden als lärmende Trupps in Dörfern und Städten auf. Sie nisten bis in 2000 m Höhe und sind dementsprechend auch in den Alpen zu beobachten.

Schwarzspecht *(Dryoscopus martius)* 27

A *Schwarzes Gefieder, helles Auge und heller Schnabel*
B *Typischer, weithin hörbarer Flugruf (»krück, krück, krück«)*
C *Erreicht Größe einer Krähe*

Merkmale: 45–57 cm; größter einheimischer Specht. Schwarzes Gefieder, Männchen mit roter Kopfplatte, Weibchen mit rotem Hinterkopffleck. Dünner Hals, der vor allem in der Flugsilhouette auffällt, charakteristischer Sitzruf (»kliöh«), auch Grünspecht-ähnliches Lachen.
Lebensweise: Ernährt sich überwiegend von Ameisen; hinterlässt bei der Nahrungssuche oft typische großflächige, rechteckige Hackspuren **27a**. Der Schwarzspecht zimmert sich seine Nisthöhlen selbst, was bis zu vier Wochen in Anspruch nehmen kann, geeignete Bruthöhlen werden aber jahrelang benutzt. Typischer hochovaler Höhleneingang (ca. 9 x 12 cm). Brutnachweise in Mitteleuropa bis in 2200 m Höhe. Auf die nachfolgende Nutzung der Höhlen sind viele Tierarten angewiesen (z.B. Fledermäuse und Raufußkauze). Scheu. Standvogel; I–XII.
Lebensraum: Bevorzugt submontane und montane Buchenmischwälder; auch in Kiefernwäldern.
Verbreitung: Im gesamten Alpenraum verbreitet, dort nicht selten; bis über 2000 m, meist zwischen 1000 und 1700 m. Gesamtverbreitung: fast die gesamte nördliche und zentrale Paläarktis.
Ähnliche Arten: Eigentlich unverwechselbar. Schwarzspechte können im Flug höchstens mit schwarzen Krähenvögeln verwechselt werden. Der unregelmäßige Flügelschlag, der dünne Hals mit dem hervorstehenden Kopf und der fast immer ausgestoßene Flugruf machen eine Verwechslung aber unwahrscheinlich.

26

B
A
C
26

27a

A
27 ♀

A
A
27 ♂

Weißrückenspecht *(Dendrocopos leucotos)* 28

A *Schwarz-weiße Bänderung am Flügel*
B *Deutliche seitliche Längsstreifung*
C *Karminrote Färbung der Unterschwanzdecken*

Merkmale: 24–26 cm. Schwarz-weiß gefärbter Specht; Kopfplatte beim Männchen karminrot, beim Weibchen mattschwarz. Etwas größer als Buntspecht und mit längerem Schnabel; Rufe ähnlich wie die des Buntspechts, aber weicher und tiefer »güg« oder »kjük«.

Lebensweise: Als Nahrung werden Käferlarven im liegenden Totholz bevorzugt. Lebt außerhalb der Zeit der Paar- und Revierbildung sehr unauffällig. Nisthöhlen werden meist in abgestorbenen Laubbäumen angelegt; leicht ovaler Höhleneingang (ca. 5 x 6 cm). Standvogel; I–XII.

Lebensraum: Lebt in urwaldartigen Mischwäldern mit hohem Totholzanteil.

Verbreitung: Nur in den Ostalpen verbreitet (Westgrenze ca. Ostschweiz), dort selten; ausnahmsweise bis knapp 1800 m, meist deutlich niedriger. Gesamtverbreitung: Erstreckt sich in mehreren Unterarten durch die zentrale Paläarktis östlich bis Japan.

Ähnliche Arten: Der ähnliche Buntspecht *(Dendrocopos major)* hat zwei große, weiße Schulterflecken, leuchtend rot gefärbte Unterschwanzdecken und keine seitliche Längsstreifung. Der Mittelspecht *(Dendrocopos medius)* hat zwei große weiße Schulterflecken, bewohnt Laub- und Auwälder im Tiefland und kommt in den Alpen nicht vor.

Dreizehenspecht *(Picoides tridactylus)* 29

A *Zwei weiße Längsstreifen an den Kopfseiten*
B *Kräftige, schwarze Querbänderung auf der Unterseite*
C *Breiter, weißer Streifen am Rücken; Flügel schwarz*

Merkmale: 20–24 cm. Schwarz-weiß gefärbt ohne jede Rotfärbung, weißer Überaugenstreif. Männchen mit gelber, Weibchen mit silbergrauer Kopfplatte. Wirkt wegen der schwarzen Flügel, der dunklen Querbänderung auf der Unterseite und den schwarzen Kopfstreifen dunkel. Nur drei Zehen (zwei nach vorne, eine nach hinten gerichtet). Wenig stimmfreudig, ruft weicher und gedämpfter als Buntspecht »gjüp«, trommelt länger und langsamer als Buntspecht.

Lebensweise: Ernährt sich überwiegend von Borkenkäfer- und Bockkäferlarven. Im Frühjahr wird auch gerne aus den Bäumen tretender Saft aufgenommen, der durch Anlage von Halbringen und Ringen in der Rinde gewonnen wird. »Geringelte« Bäume sind ein untrügliches Zeichen der Anwesenheit des Dreizehenspechts. Lebt sehr versteckt und fällt meist nur durch leise Klopfgeräusche auf; wenig scheu. Höhlenbrüter; legt Höhlen selbst an, verwendet aber auch alte Buntspechthöhlen; leicht ovaler Höhleneingang (ca. 4,5 x 5 cm). Standvogel; I–XII.

Lebensraum: Naturnahe Fichtenwälder oder fichtendominierte Mischwälder mit hohem Totholzanteil.

Verbreitung: In den Alpen nur lückig verbreitet, hauptsächlich in den Nord- und Südostalpen; dort selten. Gesamtverbreitung: von Skandinavien über die gesamte boreale Paläarktis; die mitteleuropäischen und südosteuropäischen Verbreitungsgebiete umfassen subalpine bis alpine Lagen in den Alpen von 700 m (Nordalpen) bis ca. 2000 m und werden als eiszeitliche Reliktvorkommen angesehen.

Ähnliche Arten: Die Weibchen können mit Weibchen von anderen schwarz-weißen Spechtarten verwechselt werden (in den Alpen Bunt- und Weißrückenspechte), sind aber aufgrund der geringeren Größe und der auffallenden Kopfzeichnung bei guter Sicht nicht zu verwechseln.

A
B
C
28 ♂

B
C
28 ♀

A
B
29 ♀

A
B
C
29 ♂

Buntspecht *(Dendrocopos major)* 30

A *Zwei große weiße Schulterflecken*
B *Leuchtend rote Unterschwanzdecken*
C *Einfarbige, schmutzig weiße Unterseite*

Merkmale: 20–24 cm. Schwarz-weiß mit auffallend leuchtend rot gefärbten Unterschwanzdecken, Männchen mit rotem Hinterkopffleck, Weibchen mit schwarzem Scheitel; Jungvögel **30a** mit roter Kopfplatte, blassrot gefärbten Unterschwanzdecken und gelegentlich mit schwach gestrichelten Flanken. Harte »kix«-Rufe.
Lebensweise: Ernährt sich von Insekten und deren Larven, aber auch von Beeren, Nüssen und Sämereien, »ringelt« gelegentlich Bäume (vgl. Dreizehenspecht); nimmt gerne Winterfütterungen an. Brütet in selbst gezimmerten Baumhöhlen; leicht ovaler Höhleneingang (ca. 5 x 6 cm). Wenige Tage vor dem Ausfliegen lassen die Jungvögel noch in der Höhle ein immerwährendes lautes Gezeter ertönen, sodass die Bruthöhlen zu dieser Zeit leicht zu finden sind. Standvogel; I–XII.
Lebensraum: Besiedelt alle Waldtypen bis zur Baumgrenze.
Verbreitung: Im gesamten Alpenraum verbreitet und dort mit Abstand der häufigste Specht; bis ca. 2000 m. Gesamtverbreitung: nördliches Eurasien und Nordafrika.
Ähnliche Arten: Kann in den Alpen mit dem etwas größeren Weißrückenspecht *(Dendrocopos leucotos)* verwechselt werden. Dieser hat aber schwarz-weiß gebänderte Flügel, karminrot gefärbte Unterschwanzdecken und eine auffällige seitliche Längsstreifung; die Jungvögel sind anhand der zwei großen weißen Schulterflecken eindeutig vom Weißrückenspecht zu unterscheiden.
Der etwas kleinere und seltene Mittelspecht *(Dendrocopos medius)*, der nicht in den Alpen vorkommt, hat eine hellrote Kopfplatte (beide Geschlechter) und eine seitliche Längsstreifung, er bewohnt Laub- und Auwälder im Tiefland.
Eine weitere Spechtart soll noch kurz erwähnt werden, und zwar der rindenfarbige Wendehals *(Jynx torquilla)* **30b**; er ist in den Alpen zur Brutzeit schon auf ca. 2000 m nachgewiesen worden, ernährt sich von Ameisen und deren Puppen und ist der einzige Zugvogel unter den europäischen Spechten (IV–IX).

Grauspecht *(Picus canus)* 31

A *Schmaler schwarzer Bartstreif*
B *Einheitlich grauer Kopf und graugrüne Unterseite*
C *Bernsteinfarbenes Auge*

Merkmale: 25–27 cm. Grün gefärbter Specht, Männchen mit roter Stirn, Weibchen mit einheitlich grauem Kopf. Auffälliger Reviergesang (»lautes Lachen«), der dem des Grünspechts ähnelt, aber zum Schluss hin deutlich abfällt und langsamer wird.
Lebensweise: Ernährt sich überwiegend von Ameisen, nimmt im Winter aber auch gerne Fütterungen an. Höhlenbrüter; zimmert Höhlen selbst, übernimmt aber auch alte Bruthöhlen anderer Spechtarten; rundlicher Höhleneingang mit ca. 6 cm Durchmesser. Standvogel; I–XII.
Lebensraum: Laubwälder bzw. von Laubbäumen dominierte Mischwälder.
Verbreitung: Im gesamten Alpenraum verbreitet, dort nicht selten; bis 1700 m, ausnahmsweise auch höher. Gesamtverbreitung: ein schmaler Gürtel über die gesamte zentrale Paläarktis bis hinunter nach Südostasien.
Ähnliche Arten: Der Grünspecht *(Picus viridis)* hat einen auffallenden roten Scheitel-Nacken-Streif (beide Geschlechter) und aufgrund der schwarzen Region um das helle Auge einen stechenden Blick.

C
A
B
30 ♂

30a

30 ♀

30b

B
A
31

Grünspecht *(Picus viridis)* 32

A *Roter Scheitel-Nacken-Streif*
B *»Stechender« Blick durch schwarze Region um helles Auge*
C *Blassgrüne Unterseite*

Merkmale: 31–33 cm. Grün gefärbter Specht, Männchen und Weibchen mit rotem Scheitel-Nacken-Streif; der breite Bartstreif ist beim Weibchen schwarz, beim Männchen rot mit einer breiten schwarzen Umrandung; Jungvögel **32a** mit typischem schwarz gestricheltem und geflecktem Gefieder. Reviergesang ein auffälliges lautes Lachen, das in Tonhöhe und Geschwindigkeit nahezu gleichbleibend ist.
Lebensweise: Ernährt sich fast ausschließlich von Ameisen, nimmt praktisch nie Winterfütterungen an; kann in harten Wintern hohe Verluste erleiden. Höhlenbrüter; zimmert Höhlen selbst, übernimmt aber auch alte Bruthöhlen anderer Spechtarten; leicht ovaler Höhleneingang (ca. 6 x 7 cm). Standvogel; I–XII.
Lebensraum: Laubwälder, im Tiefland gerne in halboffenen Landschaften mit Baumbestand und Parks.
Verbreitung: Im gesamten Alpenraum verbreitet, dort häufig; in Lärchenbeständen der Westalpen bis 2000 m, sonst meist deutlich niedriger. Gesamtverbreitung: westliche Paläarktis.
Ähnliche Arten: Der Grauspecht *(Picus canus)* hat keinen roten Scheitel-Nacken-Streif, das Männchen hat eine rote Stirn. Zudem ist der Kopf deutlich grau gefärbt und das Auge bernsteinfarben und nicht von einer schwarzen Region eingefasst.

Neuntöter *(Lanius collurio)* 33

A *Hakenschnabel*
B *Männchen mit schwarzer Maske, grauem Kopf und rotbraunem Rücken*
C *Weibchen mit Bänderung an Brust und Flanken*

Merkmale: Ca. 17 cm. Weibchen mit bräunlicher Ober- und heller Unterseite, Unterseite des Männchens hellrosa überhaucht; Schwanz des Männchens schwarz mit großen weißen Seitenflecken, Weibchen mit rostbraunem Schwanz; Jungvögel ähnlich Weibchen, aber mit kräftiger Bänderung am Rücken. Ruft »dschä«, Gesang leise schwätzend mit Imitationen.
Lebensweise: Ernährt sich von größeren Insekten und Kleintieren, nimmt auch Nester mit Jungvögeln aus; spießt Beute an Dornen zur Vorratsspeicherung auf. Sitzt gerne auf Warten. Wärmeliebend, daher bevorzugt an südexponierten Lagen. Nest in (Dorn-)Büschen. Langstreckenzieher; V–IX.
Lebensraum: Halboffene und offene Landschaften mit Büschen und Sträuchern.
Verbreitung: Im gesamten Alpenraum verbreitet, im Norden seltener; bis ca. 1600–1700 m, in klimatisch begünstigten Gebieten bis max. 2000 m. Gesamtverbreitung: von Nordspanien bis Zentralasien.
Ähnliche Arten: Weibchen und Jungvögel können mit den Weibchen und Jungvögeln des Rotkopfwürgers *(Lanius senator)* verwechselt werden; diese Art kommt aber in den Alpen nicht vor.

Eichelhäher *(Garrulus glandarius)* 34

A *Rücken und Bauch rotbeige*
B *Blaues, schwarz gebändertes Flügelfeld*
C *Breiter schwarzer Bartstreif*

Merkmale: 32–35 cm. Scheitel schwarzweiß gestreift, kann bei Erregung aufgestellt werden; schwarzer Schwanz. Im Flug fallen die breiten, gerundeten Flü-

32 ♀

32 ♂

32a

33 ♂

33 ♀

34

gel, der weiße Bürzel und weiße Unterschwanzdecken auf. Geschlechter gleich. Flug langsam und unregelmäßig. Ruf ein lautes Rätschen, oft ein hohes »hijäh« (ähnlich Mäusebussard); eigenartiger Gesang mit glucksenden, miauenden, gedehnten und rauen Elementen sowie Imitationen.

Lebensweise: Vielseitige Ernährung, je nach Verfügbarkeit vor allem Eicheln, Bucheckern und Haselnüsse, aber auch Insekten, Eier, Jungvögel und Beeren; an Winterfütterungen; legt Nahrungsdepots an. Nimmt häufig ein Ameisenbad (»einemsen«; durch die Ameisensäure sollen wahrscheinlich Ektoparasiten bekämpft werden). Großes Nest in Bäumen oder hohen Büschen. Standvogel; I–XII.

Lebensraum: Wälder aller Art, auch Parks und größere Gärten.

Verbreitung: Im gesamten Alpenraum verbreitet; bis ca. 1800 m, bis ca. 1500 m häufig. Gesamtverbreitung: in mehreren Unterarten von Nordwestafrika über praktisch ganz Europa und in einem schmalen Streifen bis Japan, südlich bis Indochina.

Ähnliche Arten: Kann bei schlechten Lichtverhältnissen im Flug mit dem Tannenhäher *(Nucifraga caryocatactes)* verwechselt werden. Der Tannenhäher hat aber einen kürzeren Schwanz.

Tannenhäher *(Nucifraga caryocatactes)* 35

A *Gefieder dunkelbraun mit weißen Tupfen*
B *Schwarzer Schwanz mit, besonders im Flug, gut sichtbarer weißer Endbinde*
C *Weiße Unterschwanzdecken*

Merkmale: 32–33 cm. Kräftiger, spitzer Schnabel; schwarze Flügel. Geschlechter gleich. Flug langsam und unregelmäßig. Ruft typisch heiser »krääh«, leise schwätzender Gesang mit rauen und knirschenden Lauten.

Lebensweise: Ernährung überwiegend pflanzlich, vor allem von Haselnüssen und Samen von Zirbe und Lärche, auch von Insekten und Beeren; selten an Winterfütterungen; legt Nahrungsdepots an. Nest in Nadelbäumen (meist Fichte) in Stammnähe. Standvogel; I–XII, Schneeflucht in den Alpen kommt aber vor.

Lebensraum: Bergwälder mit Fichte, Kiefer, Lärche und Zirbe.

Verbreitung: Im gesamten Alpenraum verbreitet, dort nicht selten. Gesamtverbreitung: in Gebirgsregionen und der borealen Zone der Paläarktis.

Ähnliche Arten: Der Tannenhäher kann bei schlechten Lichtverhältnissen im Flug mit dem Eichelhäher *(Garrulus glandarius)* verwechselt werden. Der Eichelhäher hat aber einen längeren Schwanz. Der Star *(Sturnus vulgaris)* ist wesentlich kleiner, hat im Schlichtkleid ein schwarzes und kein dunkelbraunes Gefieder und einen deutlich schwächeren Schnabel.

Alpendohle *(Pyrrhocorax graculus)* 36

A *Einfarbiges, glänzend schwarzes Gefieder*
B *Gelber Schnabel*
C *Rote Füße*

Merkmale: 37–39 cm. Geschlechter gleich; Jungvögel mit mattschwarzem Gefieder, dunklem Schnabel und dunklen Füßen. Verschiedene Rufe, u.a. rollendes »srrü« oder pfeifendes »ziüp«; plaudernder Gesang.

Lebensweise: Allesfresser; besucht gerne Berghütten, um nach Nahrungsabfällen zu suchen. Wenig scheu, an vielen touristischen Einrichtungen der Alpen futterzahm. Gesellig, bildet oft Schwärme aus mehreren hundert Individuen. Nest aus

B
34

A
B
35

36

B
A
C
36

Zweigen in einer geschützten Felshöhle oder -spalte, teilweise auch an Bauten. Standvogel; I–XII, besucht im Winter auch Täler, fliegt zum Schlafen aber wieder in die Berge.

Lebensraum: Gebirgsregionen mit schroffen Felswänden.

Verbreitung: Im gesamten Alpenraum verbreitet, dort häufig. Gesamtverbreitung: in den Hochgebirgen Nordwestafrikas, Europas und Asiens bis Westchina.

Ähnliche Arten: Die Alpenkrähe *(Pyrrhocorax pyrrhocorax)* hat einen roten Schnabel. Im Flug sind bei der Alpendohle nur vier Handschwingenfedern sichtbar, bei der Alpenkrähe fünf, die zudem tiefer gefingert sind. Außerdem ist der Schwanz bei der Alpendohle länger als die Flügelbreite, bei der Alpenkrähe ist er kürzer als die Flügelbreite.

Alpenkrähe *(Pyrrhocorax pyrrhocorax)* 37

A *Einfarbiges, glänzend schwarzes Gefieder*
B *Roter Schnabel*
C *Rote Füße*

Merkmale: 39–40 cm. Geschlechter gleich; Jungvögel mit gelbbraunem Schnabel. Ruft typisch »tjiach«; plaudernder Gesang.

Lebensweise: Ernährt sich überwiegend von Insekten etc., Abfälle und pflanzliche Nahrung werden nur in geringem Maße aufgenommen. Ausgepolstertes Nest aus Zweigen in einer geschützten Felshöhle oder -spalte. Standvogel; I–XII.

Lebensraum: Gebirgsregionen mit schroffen Felswänden, auch in Felsregionen an der Küste.

Verbreitung: Nur in den Westalpen verbreitet, dort sehr selten; bis max. 3000 m. Gesamtverbreitung: sehr zersplittert und kleinräumig in Nordwestafrika, Europa und Äthiopien, großflächiges Verbreitungsgebiet in Asien.

Ähnliche Arten: Die Alpendohle *(Pyrrhocorax graculus)* hat einen gelben Schnabel; im Flug sind bei der Alpenkrähe fünf tief gefingerte Handschwingenfedern sichtbar, bei der Alpendohle nur vier; zudem ist der Schwanz bei der Alpenkrähe kürzer als die Flügelbreite, bei der Alpendohle ist dieser länger als die Flügelbreite.

Kolkrabe *(Corvus corax)* 38

A *Einfarbiges, glänzend schwarzes Gefieder*
B *Kräftiger Schnabel*
C *Zottiger Kehlbart*

Merkmale: Ca. 64 cm, größter Singvogel der Welt. Geschlechter gleich. Im Flug fällt der typische keilförmige Schwanz auf, Flügelschlag gut zu hören. Ruft tief und gurgelnd »grog«, schwätzender Gesang mit knacksenden und glucksenden Lauten.

Lebensweise: Allesfresser. Erreicht hohes Alter (in Gefangenschaft mehr als 70 Jahre). Hervorragender Segler. Einer der intelligentesten Vögel. Frühbrüter (ab Ende Februar), Paare bleiben lebenslang zusammen; Nest aus Zweigen in Felswänden, ausnahmsweise auch auf Bäumen. Standvogel; I–XII.

Lebensraum: Gebirgsregionen mit schroffen Felswänden.

Verbreitung: Im gesamten Alpenraum verbreitet, dort nicht selten; bis ca. 2000 m, ausnahmsweise auch deutlich höher. Gesamtverbreitung: Nordhalbkugel.

Ähnliche Arten: Die Rabenkrähe *(Corvus corone)* ist deutlich kleiner und hat keinen keilförmigen Schwanz. Bevorzugter Lebensraum der Rabenkrähe sind Waldränder mit anschließenden Weide- und Kulturflächen.

B
A
C
37

37

38

B
C
A
38

Rabenkrähe *(Corvus corone)* 39

A *Einfarbiges, glänzend schwarzes Gefieder*
B *Befiederte Schnabelwurzel*
C *Schwanzende stumpf gerundet*

Merkmale: 45–49 cm. Geschlechter gleich. Ruft rau krächzend »kraa-kraa«, plaudernder Gesang.
Lebensweise: Allesfresser. Sehr anpassungs- und lernfähig. Großes Nest aus Zweigen in Bäumen oder Büschen. Bildet nach der Brutzeit oft größere Gruppen. Standvogel; I–XII.
Lebensraum: Waldränder; Kulturland mit Gehölzen, Parks und Gärten.
Verbreitung: Im gesamten Alpenraum verbreitet, dort häufig; bis ca. 1700 m, selten höher. Gesamtverbreitung: West- und Mitteleuropa. Die östlich der Elbe vorkommende Nebelkrähe *(Corvus corone cornix)* wurde früher mit der Rabenkrähe zusammen als Aaskrähe bezeichnet.
Ähnliche Arten: Der Kolkrabe *(Corvus corax)* ist deutlich größer und hat einen keilförmigen Schwanz. Sein bevorzugter Lebensraum sind ungestörte Berggebiete. Die Saatkrähe *(Corvus frugilegus)* ist im in den Alpen ein seltener Brutvögel und häufiger Wintergast. Saatkrähen haben aber eine unbefiederte Schnabelwurzel, ein eckiges Kopfprofil und halten sich in Tallagen auf.

Haubenmeise *(Parus cristatus)* 40

A *Schwarz-weißer Federschopf*
B *Schwarzes halbmondförmiges Band hinter dem Auge*
C *Braune Oberseite*

Merkmale: Ca. 11,5 cm. Aufgrund der stets sichtbaren Federhaube unverwechselbar. Rötliche Iris. Ruft typisch rollend »bürrrr, bürrrr«.
Lebensweise: Ernährt sich vorwiegend von Insekten, im Winter werden aber auch Fütterungen gerne angenommen. Wenn morsche Bäume vorhanden sind, werden Nisthöhlen selbst gezimmert, Nistkästen werden nur ausnahmsweise akzeptiert. Standvogel; I–XII.
Lebensraum: Nadelwälder aller Art, sogar Fichtenmonokulturen.
Verbreitung: Im gesamten Alpenraum häufig; bis 2000 m; außerhalb der Brutzeit auch deutlich höher. Gesamtverbreitung: westpaläarktisch.
Ähnliche Arten: Der schwarz-weiße Federschopf macht die Art unverwechselbar.

Weidenmeise *(Parus montanus)* 41

A *Mattschwarze Kopfplatte, die weit in den Nacken reicht*
B *Schwarzer Kinnfleck, unten meist verbreitert*
C *Helles Flügelfeld*

Merkmale: Ca. 11,5 cm. Unscheinbar gefärbt mit brauner Ober- und grau-brauner Unterseite. Wirkt oft »stiernackig«. Ruft typisch langgezogen »dääh, dääh«.
Lebensweise: Ernährt sich von Spinnen, Insekten und deren Larven, im Winter ergänzt durch Sämereien; Fütterungen werden gerne angenommen. Zimmert Höhlen selbst in morschem Holz. Ist in den Bergwäldern wesentlich häufiger als die ähnliche Sumpfmeise. Standvogel; I–XII.
Lebensraum: In feuchten Wäldern und Gehölzen mit einem hohen Anteil an morschem Holz; nicht in Nadelwäldern; auf Nahrungssuche oft in der Latschenzone zu beobachten.

B
A
39

C
39

A
C
B
40

A
B
C
41

Verbreitung: Im gesamten Alpenraum häufig in der Unterart *Parus montanus montanus*, bis ca. 2300 m. Gesamtverbreitung in den borealen und gemäßigten Zonen der Paläarktis sowie in Gebirgsregionen.
Ähnliche Arten: Die Sumpfmeise *(Parus palustris)* ist die phänotypisch kaum unterscheidbare Zwillingsart der Weidenmeise, selbst das helle Flügelfeld der Weidenmeise nutzt sich im Laufe der Brutperiode ab und ist dann als Bestimmungsmerkmal nicht mehr zu gebrauchen. (Sumpfmeisen im frisch gemauserten Herbstgefieder sogar mit angedeuteten hellen Armschwingensäumen.) Die Kopfplatte der Sumpfmeise wirkt oft glänzend, zudem ist der Nacken nicht so wuchtig und der Kinnfleck ist meist kleiner und scharf abgegrenzt. Einziges sicheres Unterscheidungsmerkmal ist die Stimme: Während die Weidenmeise langgezogen »dääh, dääh« ruft, ist der Ruf der Sumpfmeise ein scharfes »pist-jä, pist-jä«.

Sumpfmeise *(Parus palustris)* 42

A *Glänzende schwarze Kopfplatte*
B *Meist kleiner, scharf abgegrenzter Kinnfleck*
C *Scharfe »pist-jä«-Rufe*

Merkmale: Ca. 11,5 cm. Unscheinbar gefärbt mit brauner Ober- und grau-brauner Unterseite. Gesang aus klappernden Reihen wie »zjezjezje« oder »djepdjep«.
Lebensweise: Ernährt sich von Spinnen, Insekten und deren Larven, im Winter ergänzt durch Sämereien; legt Futtervorräte an; Fütterungen werden häufig angenommen. Brütet gerne in bestehenden Höhlen und in Nistkästen. Standvogel; I–XII.
Lebensraum: Laub- und Mischwälder mit hohem Totholzanteil, im Flachland auch gerne in Gärten und Parks. Dort wesentlich häufiger als die Weidenmeise, im Gebirge nur ausnahmsweise über 1200 m, in der Schweiz aber Brutnachweise auf über 1600 m.
Verbreitung: Im gesamten Alpenraum häufig. Gesamtverbreitung: die borealen und gemäßigten Zonen der Paläarktis sowie Gebirgsregionen.
Ähnliche Arten: Die Stimme ist das einzige sichere Merkmal, um die Sumpfmeise von der Weidenmeise *(Parus montanus)* zu unterscheiden. Als weitere Kennzeichen gelten bei der Sumpfmeise die glänzende Kopfplatte und der kleine Kopf mit dem dünnen Hals; plustert sich diese aber auf, ist es mit der Bestimmung sehr schwierig. Das helle Flügelfeld der Weidenmeise ist zudem nur im Frühjahr gut sichtbar. Die Weidenmeise kommt im Gebirge in wesentlich höheren Lagen vor als die Sumpfmeise. In der Krummholzzone wird man daher fast ausschließlich Weidenmeisen antreffen.

Tannenmeise *(Parus ater)* 43

A *Weißer Nackenfleck*
B *Doppelte weiße Flügelbinde*
C *Kleinste einheimische Meise*

Merkmale: Ca. 10,5 cm. Ohne Blau- oder Grünfärbung; Oberseite blaugrau, Unterseite grauweiß; wirkt wie eine kleine, nahezu farblose Kohlmeise. Jungvögel 43a ähnlich Altvögel, aber blasser gefärbt. Monotoner Gesang, der oft von einer Fichtenspitze vorgetragen wird (»wize-wize-wize«); feiner Kontaktlaut. Kann bei Erregung Federn zu einer kleinen Haube aufstellen.
Lebensweise: Ernährt sich im Sommerhalbjahr vorwiegend von Insekten und kleinen Raupen; turnt bei der Nahrungssuche gerne auf den äußersten Zweigen

42

43

43a

und holt sich kopfüber hängend Samen aus den geöffneten Schuppen von Zapfen; legt Futtervorräte an und ist häufig an Fütterungen zu finden. Höhlenbrüter, nimmt auch Nistkästen an. Standvogel; I–XII.
Lebensraum: Fichtendominierte Nadelwälder bis zur Baumgrenze, auf Nahrungssuche auch in der Krummholzzone.
Verbreitung: Im gesamten Alpenraum sehr häufig; bis 2000 m. Gesamtverbreitung: fast ganz Europa und ein schmaler Streifen in den borealen und gemäßigten Zonen der Paläarktis bis Japan.
Ähnliche Arten: Junge Tannenmeisen sind grau-grün gefärbt und können sehr leicht mit jungen Kohlmeisen *(Parus major)* verwechselt werden, die sehr blass gefärbt sind. Der weiße Nackenfleck, die doppelte weiße Flügelbinde und der fehlende Bauchstrich sind aber auch im Jugendkleid ein eindeutiges Bestimmungsmerkmal.

Kohlmeise *(Parus major)* 44

A *Leuchtend gelbe Unterseite mit schwarzem Band*
B *Weiße Wangen kontrastieren stark mit schwarzem Kopf*
C *Weiße Flügelbinde auf blaugrünem Flügel*

Merkmale: Ca. 14 cm; größte einheimische Meise. Auffällig gefärbt; Rücken grünlich, das schwarze Band auf der Unterseite ist beim Männchen meist stärker ausgeprägt als beim Weibchen. Jungvögel **44a** ähnlich wie Altvögel, aber blasser und mit gelblichen, nicht vollständig schwarz eingerahmten Wangenfeldern und noch nicht voll ausgebildetem schwarzem Band auf der Unterseite. Rufe sehr vielgestaltig.
Lebensweise: Ernährt sich von Spinnen, Insekten und deren Larven sowie von Sämereien; nimmt sehr gerne Winterfütterungen und Nistkästen an. Höhlenbrüter. Standvogel; I–XII.
Lebensraum: Wälder aller Art, meidet aber reine Nadelwälder; auch Gärten und Parks.
Verbreitung: Im gesamten Alpenraum sehr häufig; meist unter 1500 m. Gesamtverbreitung: fast ganz Europa und in vielen Unterarten in einem schmalen Streifen in den borealen und gemäßigten Zonen der Paläarktis.
Ähnliche Arten: Altvögel sind unverwechselbar. Jungvögel können mit jungen Tannenmeisen (*Parus ater*) verwechselt werden; junge Kohlmeisen sind aber gelblicher gefärbt und haben bereits ein schwarzes Band auf der Unterseite, außerdem nur eine weiße Flügelbinde und keinen weißen Nackenfleck.

Blaumeise *(Parus caeruleus)* 45

A *Blaufärbung an Scheitel, Kragen, Flügel und Schwanz*
B *Gelbe Unterseite*
C *Schwarzer Augenstrich*

Merkmale: Ca. 11,5 cm; relativ kleine Meise. Grüner Rücken, weiße Wangen und Stirn, gelbe Unterseite mit schmalem, schwarzem, nicht immer sichbarem Längsstrich. Jungvögel **45a** ähnlich Altvögel, aber blasser, mit gelblichem Wangenfeld.
Lebensweise: Ernährt sich von Spinnen, Insekten und deren Larven sowie von Sämereien; nimmt sehr gerne Winterfütterungen und Nistkästen an. Höhlenbrüter. Standvogel; I–XII.
Lebensraum: Wälder aller Art, meidet aber reine Nadelwälder; auch Gärten und Parks.
Verbreitung: Im gesamten Alpenraum sehr häufig; nur selten über 1200 m, bis max. 1400 m. Gesamtverbreitung: westpaläarktisch.
Ähnliche Arten: Die Blaufärbung an Scheitel, Kragen, Flügel und Schwanz machen die Art unverwechselbar.

44 ♂

44 ♀

44a

45a

45

Felsenschwalbe *(Ptyonoprogne rupestris)* 46

A *Braune Oberseite*
B *Helle Unterseite ohne Halsband, zum Steiß dunkler werdend*
C *Weiße Flecken am Schwanzende (im Flug bei gefächertem Schwanz gut sichtbar)*

Merkmale: Ca. 14,5 cm. Robust gebaute Schwalbe. Fein gestrichelter Kehlansatz. Geschlechter gleich. Im Flug fallen dreieckige Flügel auf. Ruft schnurrend »tschirrrr«, schwätzender Gesang mit trillernden Elementen.
Lebensweise: Ernährt sich von Insekten, die im Flug erbeutet werden. Fliegt gerne an Felswänden entlang und vollführt dabei abrupte Flugmanöver. Nest aus Lehm an Felswänden und auch an Gebäuden, Brücken etc. Kurzstreckenzieher; II–X.
Lebensraum: An wettergeschützten Felswänden, bei Schlechtwettereinbrüchen auch im Tal über Gewässern.
Verbreitung: Im gesamten Alpenraum verbreitet, im Norden seltener; bis 2400 m. Gesamtverbreitung: Nordwestafrika, Südeuropa und lückig bis nach Nordostchina.
Ähnliche Arten: Kann mit der Uferschwalbe *(Riparia riparia)* verwechselt werden, diese hat aber ein braunes Halsband und kommt in den Alpen nicht vor. Die Mehlschwalbe *(Delichon urbicum)* **46a**, die gelegentlich kleine Mischkolonien mit der Felsenschwalbe bildet, hat eine bläulich schimmernde Oberseite und einen weißen Bürzel, der im Flug auffällt, die Unterseite ist rein weiß. In den Alpen sind Brutvorkommen bis ca. 2500 m bekannt. Die Rauchschwalbe *(Hirundo rustica)* ist in den Alpen während der Brutzeit nur selten über 1300 m anzutreffen. Das Gefieder ist auf der oberen Seite blauschwarz, auf der Unterseite weiß oder beige; Stirn, Kinn und Kehle sind rostrot; die Altvögel haben auffällig verlängerte äußere Steuerfedern.

Feldlerche *(Alauda arvensis)* 47

A *Kleine Haube (angelegt kaum sichtbar)*
B *Oberseite, Brust und Flanken kräftig dunkel gestrichelt*
C *Typischer Singflug*

Merkmale: 18–19 cm. Unscheinbar gefärbt, heller Überaugenstreif, weiße Schwanzkanten und Flügelhinterrand im Flug gut sichtbar; weißer Bauch. Geschlechter gleich. Jungvögel **47a** aufgrund heller Federsäume auf der Oberseite schuppig wirkend. Verschiedene Rufe, z.B. »prütt«; auffälliger Singflug, steigt bis 150 m hoch und fliegt unter jubilierendem Gesang wieder langsam hinab; Gesang aber gelegentlich auch von einer Warte.
Lebensweise: Ernährt sich von Insekten und anderen Wirbellosen, im Winter auch von Sämereien. Bei Beunruhigung erfolgt ein wie mit dem Katapult beschleunigter Abflug im kurzen Flatterflug und mit leicht gespreiztem und gesenktem Schwanz. Bodenbrüter. Kurzstreckenzieher; II–XI.
Lebensraum: Offene Landschaften, Wiesen und Äcker.
Verbreitung: Im gesamten Alpenraum verbreitet, im Norden nur in Tallagen, in der Schweiz bis 2800 m. Gesamtverbreitung: über Nordwestafrika und Europa bis Japan.
Ähnliche Arten: Die Haubenlerche *(Galerida cristata)* hat eine deutlich ausgeprägtere Federhaube und kommt zudem nicht in den Alpen vor.
Die Heidelerche *(Lullula arborea)* **47b** ist kompakter, hat einen deutlich kürzeren Schwanz und eine kontrastreichere Kopfzeichnung, im Flug fallen auch die sehr breiten Flügel auf; diese seltene Art kommt in den Alpen nur sehr lokal vor, v.a. in den Westalpen. Der Baumpieper *(Anthus trivialis)* ist auf der Oberseite einheitlicher gefärbt, hat keinerlei Federhaube und die Brust ist deutlich gröber gestreift.

C
B
46

46

A
46

46a

47

47a

A
B
47

47b

Berglaubsänger *(Phylloscopus bonelli)* 48

A *Weiße Unterseite und Kehle*
B *Deutliches grüngelbes Flügelfeld*
C *Typischer Schwirrgesang ohne Einleitung*

Merkmale: Ca. 11,5 cm. Wie alle Laubsänger recht unscheinbar gefärbt, olivgrüne Ober- und weiße Unterseite. Geschlechter gleich. Typischer Schwirrgesang mit monotonen Trillern aus 7–13 Elementen.

Lebensweise: Ernährt sich von Spinnen und Insekten; Nahrung wird meist im Kronenbereich gesucht oder im Flatterflug zwischen Zweigen. Bodenbrüter. Langstreckenzieher; (IV)V–VIII.

Lebensraum: Lichte Wälder an warmen, trockenen Standorten mit Krautschicht.

Verbreitung: Im gesamten Alpenraum verbreitet, dort nicht selten; der Bestand ist aber starken Schwankungen unterworfen; bis über 2000 m. Gesamtverbreitung: Süd- und Mitteleuropa sowie Nordafrika; die östliche Form wird inzwischen als Balkanlaubsänger *(Phylloscopus orientalis)* als eigene Art angesehen.

Ähnliche Arten: Der Waldlaubsänger *(Phylloscopus sibilatrix)* hat eine zitronengelbe Kehle; leitet Schwirrgesang meist mit einer Reihe von »sib-sib«-Lauten ein. Auch Fitis *(Phylloscopus trochilus)* und Zilpzalp *(Phylloscopus collybita)* sind ähnlich, bestes Unterscheidungsmerkmal ist hier der Gesang.

Waldlaubsänger *(Phylloscopus sibilatrix)* 49

A *Weiße Unterseite mit zitronengelber Kehle*
B *Gelber Überaugenstreif*
C *Typischer Schwirrgesang mit Einleitung*

Merkmale: Ca. 12 cm. Wie alle Laubsänger recht unscheinbar gefärbt, gelbgrüne Oberseite. Geschlechter gleich. Der Schwirrgesang wird meist mit einer Reihe von »sib-sib«-Lauten eingeleitet.

Lebensweise: Ernährt sich von Spinnen und Insekten. Bodenbrüter. Langstreckenzieher; IV–IX.

Lebensraum: Laub- und Mischwälder.

Verbreitung: Im gesamten Alpenraum verbreitet, dort nicht selten, Bestandsentwicklung aber stark rückläufig; bis ca. 1400 m. Gesamtverbreitung: Laubwaldgürtel der Westpaläarktis.

Ähnliche Arten: Der Berglaubsänger *(Phylloscopus bonelli)* hat eine weiße Kehle, ein deutliches grüngelbes Flügelfeld und der Schwirrgesang beginnt ohne »sib-sib«-Laute. Auch Fitis *(Phylloscopus trochilus)* und Zilpzalp *(Phylloscopus collybita)* sind ähnlich, bestes Unterscheidungsmerkmal ist hier der Gesang.

Fitis *(Phylloscopus trochilus)* 50

A *Beine meist fleischfarben*
B *Lange Handschwingenprojektion*
C *Gesang aus weichen, abfallenden Flötenstrophen*

Merkmale: 10,5–11,5 cm. Wie alle Laubsänger recht unscheinbar gefärbt; Gefieder eher gelbgrün, frisch vermauserte Individuen im Spätsommer sogar auffallend gelbgrün; heller, langer Überaugenstreif. Geschlechter gleich. Ruft zweisilbig »hu-itt«.

Lebensweise: Ernährt sich überwiegend von Spinnen und Insekten. Bodenbrüter. Langstreckenzieher; IV–IX.

Lebensraum: Lichte Wälder aller Art mit gut entwickeltem Unterwuchs; auch Moor- und Heideflächen.

Verbreitung: In den Alpen nur auf der

A
B
48

B
A
49

A
50

Nordseite, dort häufig; bis ca. 1700 m. Gesamtverbreitung: nördliche Paläarktis.
Ähnliche Arten: Vom Zilpzalp *(Phylloscopus collybita)* am Gesang zu unterscheiden. Unterschiede in der Gefiederfärbung schwer auszumachen. Der Fitis hat meist helle Beine, gelbgrünes Gefieder und einen deutlicheren Überaugenstreif. Auch ist er ein Langstreckenzieher und hat eine längere Handschwingenprojektion.
Ähnlich sind auch Waldlaubsänger *(Phylloscopus sibilatrix)* und Berglaubsänger *(Phylloscopus bonelli)*, die vom Fitis am besten am Gesang zu unterscheiden sind; diese beiden sind wesentlich größer.

Zilpzalp *(Phylloscopus collybita)* 51

A *Dunkle Beine*
B *Kurze Handschwingenprojektion*
C *Gesang monoton »zilp-zalp, zilp-zalp«*

Merkmale: 10–11 cm. Wie alle Laubsänger recht unscheinbar gefärbt, Gefiederfärbung in unseren Breiten eher bräunlich- bis olivgrün, Überaugenstreif meist nicht so auffällig. Geschlechter gleich. Ruft eher einsilbig »huitt«.
Lebensweise: Ernährt sich überwiegend von Spinnen und Insekten. Bodenbrüter. Kurz- und Mittelstreckenzieher; II–XI; überwintert gelegentlich in Mitteleuropa in milden Lagen.
Lebensraum: Lichte Wälder mit gut entwickeltem Unterwuchs.
Verbreitung: Im gesamten Alpenraum verbreitet, dort häufig, bis über 2000 m. Gesamtverbreitung: in den nördlichen und gemäßigten Zonen der Paläarktis.
Ähnliche Arten: Vom Fitis *(Phylloscopus trochilus)* am besten am Gesang zu unterscheiden. Der Zilpzalp hat dunkle Beine, in unseren Breiten eine eher bräunlich- bis olivgrüne Gefiederfärbung und einen undeutlicheren Überaugenstreif als der Fitis. Die Handschwingenprojektion ist kurz.
Ähnlich sind auch Waldlaubsänger *(Phylloscopus sibilatrix)* und Berglaubsänger *(Phylloscopus bonelli)*, die vom Zilpzalp am besten am Gesang zu unterscheiden sind; zudem sind diese beiden Arten deutlich größer.

Mönchsgrasmücke *(Sylvia atricapilla)* 52

A *Männchen mit schwarzer, Weibchen und Jungvögel mit brauner Kopfplatte*
B *Graubraunes (Weibchen) bzw. graues (Männchen) Gefieder*
C *Flötender Gesang mit »Überschlag« (lauter werdender Motivgesang aus reinen Tönen)*

Merkmale: Ca. 13 cm. Häufigste Grasmücke. Gefieder einheitlich grau (Männchen) bzw. graubraun (Weibchen) mit etwas hellerer Unterseite. Ruft hart »täck«; lauter, flötender Gesang, meist aus der Deckung vorgetragen.
Lebensweise: Ernährt sich überwiegend von Insekten, im Herbst ergänzt durch Früchte und Beeren. Nest im dichten Buschwerk. Kurz- und Mittelstreckenzieher; III–XI; neuerdings überwintern auch einige Individuen, die man dann gelegentlich an Winterfütterungen beobachten kann; die Hochlagen werden aber im Winter komplett verlassen.
Lebensraum: Unterholzreiche Wälder, buschreiche Landschaften, Gärten, Parks.
Verbreitung: Im gesamten Alpenraum verbreitet, dort häufig, nur ausnahmsweise über 1800 m. Gesamtverbreitung: von Nordwestafrika über Europa bis Westsibirien.
Ähnliche Arten: Das Männchen kann mit Sumpfmeise *(Parus palustris)* und der Weidenmeise *(Parus montanus)* verwechselt werden. Diese haben aber einen schwarzen Kehlfleck, helle Wangen und ein hellbraunes Gefieder.

A
51

A
B
52 ♀

A
B
52 ♂

Gartengrasmücke *(Sylvia borin)* 53

A *Bräunliches Gefieder*
B *Grauer Bereich an Halsseiten (nur bei guter Sicht erkennbar)*
C *Gesang ohne »Überschlag«*

Merkmale: Ca. 14 cm. Gefieder einheitlich braun mit etwas hellerer Unterseite ohne besondere Kennzeichen. Geschlechter gleich. Ruft hart »tschäck«; Gesang ähnlich dem der Mönchsgrasmücke, aber gleichmäßiger, weniger flötend.
Lebensweise: Ernährt sich überwiegend von Insekten, im Herbst ergänzt durch Früchte und Beeren. Unauffällig und schwer zu beobachten. Nest in dichtem Buschwerk und Stauden. Langstreckenzieher; V–IX.
Lebensraum: Buschreiche Landschaften, Gärten, Parks, Auwälder, Waldränder.
Verbreitung: Im gesamten Alpenraum verbreitet, dort häufig; bis über 2000 m. Gesamtverbreitung: in der Westpaläarktis von Europa bis zum Oberlauf des Jenissei.
Ähnliche Arten: Der Sumpfrohrsänger (*Acrocephalus palustris*) 53a kommt in den Alpen gelegentlich bis auf 2000 m Höhe und im selben Lebensraum wie die Gartengrasmücke vor. Unterschiede sind in der Stimme und im Körperbau zu finden.

Klappergrasmücke *(Sylvia curruca)* 54

A *Grauer Kopf, oft mit dunkleren Wangen*
B *Beine grauschwarz*
C *Typische Klapperstrophe*

Merkmale: Ca. 13 cm. Helle Unterseite, Kehle etwas heller. Geschlechter kaum unterscheidbar. Ruft ähnlich anderen Grasmücken hart »tack« oder »tetetetet«, charakteristische Klapperstrophe mit leiser schwatzender Einleitung.
Lebensweise: Ernährt sich überwiegend von Insekten, im Herbst ergänzt durch Früchte und Beeren. Schwierig zu beobachten, kommt nur selten aus der Deckung heraus. Nest im dichten Buschwerk und in Jungkoniferen. Langstreckenzieher; IV–IX.
Lebensraum: Im Gebirge im Grünerlengebüsch und in der Krummholzzone, sonst in offenen und halboffenen Landschaften mit dichtem Busch- und Strauchbewuchs; auch in Siedlungen und Jungschonungen aus Koniferen.
Verbreitung: Im gesamten Alpenraum verbreitet, dort nicht selten; bis 2300 m. Gesamtverbreitung: von Europa (ohne Südwesten) bis Ostsibirien.
Ähnliche Arten: Die Dorngrasmücke *(Sylvia communis)* 54a hat rostbraune Flügelsäume, einen weißen Augenring und gelbbraune Füße. In den Alpen besiedelt sie nur sonnenbegünstigte Gebiete mit (Dorn-)Büschen bis ca. 1000 m (ausnahmsweise bis 1500 m).

Wintergoldhähnchen *(Regulus regulus)* 55

A *Schwarz eingefasster gelber Scheitelstreif*
B *Schwarze Knopfaugen mit weißlicher Umrandung*
C *Rundliche Gestalt*

Merkmale: Ca. 9 cm; zusammen mit dem Sommergoldhähnchen kleinster Vogel Europas. Weiße Flügelbinde, olivgrüne Oberseite, feiner und dünner schwarzer Schnabel. Geschlechter kaum unterscheidbar. Männchen mit mehr Orange in der Scheitelmitte, Jungvögel ohne Scheitelstreif. Ruft hoch und dünn »ssi-ssi-ssi«, von älteren Menschen oft nicht mehr wahrnehmbar; hoher, wellenförmi-

53

53a

54

54a

ger Gesang aus rhythmischen auf- und absteigenden Strophen, »diedli-i-diedl-i-diedl-i-diedli-i-didl-iio«.

Lebensweise: Ernährt sich überwiegend von sehr kleinen Insekten und Spinnentieren, die hüpfend und rüttelnd von Zweigen abgesammelt werden, im Frühjahr auch von Nektar und Pollen. Meist in Stammnähe, immer in Bewegung. Scheitelfedern können bei Erregung gesträubt werden. Bildet außerhalb der Brutzeit oft gemischte Trupps mit Meisen. Wenig scheu. Baut nach oben offenes Kugelnest gut versteckt in Nebenzweigen von Nadelbäumen (meist Fichten). Kurzstrecken- und Teilzieher; I–XII (Zuzug aus nördlichen Populationen).

Lebensraum: Nadelbaum-dominierte Mischwälder und Nadelwälder in allen Höhenlagen.

Verbreitung: Im gesamten Alpenraum verbreitet, dort häufig; bis ca. 1900 m. Gesamtverbreitung: Paläarktis.

Ähnliche Arten: Das Sommergoldhähnchen *(Regulus ignicapillus)* hat einen weißen Überaugenstreif.

Sommergoldhähnchen *(Regulus ignicapillus)* 56

A *Schwarz eingefasster gelber Scheitelstreif*
B *Weißer Überaugenstreif*
C *Rundliche Gestalt*

Merkmale: Ca. 9 cm; zusammen mit dem Wintergoldhähnchen kleinster Vogel Europas. Weiße Flügelbinde, schwarzer Augenstreif, grünliche Oberseite, feiner und dünner schwarzer Schnabel. Geschlechter ähnlich, Männchen mit orangem Scheitelstreif, Jungvögel ohne Scheitelstreif, aber mit Überaugenstreif. Ruft hoch und dünn »zü-zü-zü« ähnlich dem Wintergoldhähnchen, aber tiefer, hoher Gesang in etwa gleichbleibender Tonhöhe, »zü-zi-zi-zi-zi-zi-zi-zirrr«.

Lebensweise: Ernährt sich überwiegend von sehr kleinen Insekten und Spinnentieren, die hüpfend und rüttelnd von Zweigen abgesammelt werden, im Frühjahr auch von Nektar und Pollen. Immer in Bewegung. Scheitelfedern können bei Erregung gesträubt werden. Wenig scheu. Baut gut versteckt in Nebenzweigen von Nadelbäumen (meist Fichten) nach oben offenes Kugelnest. Kurzstreckenzieher; I–XII (Zuzug aus nördlichen Populationen); einzelne Individuen überwintern aber in milden Lagen.

Lebensraum: Nadel-, Laub- und Mischwälder.

Verbreitung: Im gesamten Alpenraum verbreitet, dort nicht selten; bis ca. 1900 m. Gesamtverbreitung: Nordwestafrika, Süd-, West- und Mitteleuropa.

Ähnliche Arten: Das Wintergoldhähnchen *(Regulus regulus)* hat keinen weißen Überaugenstreif.

Waldbaumläufer *(Certhia familiaris)* 57

A *Rindenfarbiges Gefieder*
B *Feiner, nach unten gebogener Schnabel*
C *Rein weiße Unterseite*

Merkmale: Ca. 12,5 cm. Rotbraune Gefiederfärbung, Stützschwanz. Geschlechter gleich. Ruft hoch und fein »srieh«, Gesang länger und leiser als beim Gartenbaumläufer aus zwei in der Tonhöhe abfallenden Trillern mit kurzem Endlaut, »zi-zi-zisisrri-zrrisui«.

Lebensweise: Ernährt sich überwiegend von kleinen Insekten und Spinnentieren, die in den Ritzen der Baumrinde gesucht werden, auch gerne an Winterfütterungen. Klettert ruckartig und meist spiralförmig an Baumstämmen hoch. Bildet bei starkem Frost Schlafgemeinschaften. Nest

A
B
55

A
B
56

B
C
A
57

in Ritzen oder hinter Baumrinde. Standvogel; I–XII.
Lebensraum: Nadelbaum-dominierte Wälder mit Altholzbeständen.
Verbreitung: Im gesamten Alpenraum verbreitet, dort häufig; meist bis 1800 m, ausnahmsweise auch bis 2300 m. Gesamtverbreitung: boreale und gemäßigte Zonen der Paläarktis.
Ähnliche Arten: Der Gartenbaumläufer *(Certhia brachydactyla)* ist eine nur schwer unterscheidbare Zwillingsart. Bestes Unterscheidungsmerkmal ist die Stimme, der Ruf ist hoch durchdringend »tüt« (aber auch etwas tiefer als Kontaktruf »srii«, dem Ruf des Waldbaumläufers ähnlich), der Gesang ist kürzer, lauter und ansteigend »tüt-tüt-tiluit«. Die Unterseite des Gartenbaumläufers ist meist schmutzig weiß, der Überaugenstreif weniger deutlich ausgeprägt, die Gefiederfärbung graubraun und der Schnabel etwas dünner und länger. Der Gartenbaumläufer bevorzugt Laub- und Laubmischwälder, ist aber auch in kleineren Gehölzen und mitten in Siedlungen anzutreffen, in höheren Bergwäldern fehlt er.

Mauerläufer *(Tichodroma muraria)* 58

A *Rotes Flügelfeld (besonders auffällig im Flug)*
B *Langer, dünner, leicht gebogener Schnabel*
C *Zuckt ständig mit den Flügeln*

Merkmale: Ca. 16 cm. Scheitel, Rücken und Bauch grau, Männchen im Prachtkleid **58a** mit schwarzer Kehle, Flügel rot-schwarz. Geschlechter gleich. Kaum ruffreudig und kaum hörbar, Gesang ansteigende Pfeiftöne mit längerem Pfiff als Endlaut.
Lebensweise: Ernährt sich überwiegend von Insekten und Spinnentieren, die in den Ritzen der Felswände gesucht werden. Schmetterlingshafter Flug, bei dem die roten Flügel und die weißen Fleckenreihen auffallen (»fliegende Alpenrose«). Nest in Felsritzen und -spalten. Standvogel; I–XII; im Winter in tieferen Lagen.
Lebensraum: Felswände mit etwas Bewuchs.
Verbreitung: Im gesamten Alpenraum verbreitet, dort selten; bis über 2500 m. Gesamtverbreitung: in den Hochgebirgen Süd- und Mitteleuropas bis Westchina.
Ähnliche Arten: Unverwechselbar.

Kleiber *(Sitta europaea)* 59

A *Blaugraue Oberseite*
B *Braunrote Unterseite*
C *Schwarzer Augenstrich*

Merkmale: Ca. 14 cm. Typische Silhouette mit kräftigem Schnabel, großem Kopf und kurzem Schwanz, der nicht als Stützschwanz verwendet wird; weiße Wangen. Geschlechter gleich. Ruft »sitt« oder bei Erregung »twet-twet-twet«, Gesang trillerartig »wiwiwiwiwi« oder aus mehrfach wiederholten lauten Pfeifelementen »wüiih-wüiih«.
Lebensweise: Ernährt sich im Frühjahr und Sommer überwiegend von Insekten und Spinnentieren, sonst auch von Sämereien; häufig an Winterfütterungen. Kann als einziger Vogel kopfüber den Baumstamm hinunterklettern. Höhlenbrüter, nimmt gerne Nistkästen an; verengt Einfluglöcher von Bruthöhlen mit Lehm auf seine Körpergröße (Name!). Standvogel; I–XII.
Lebensraum: Laub- und Mischwälder, Parks und Gärten.
Verbreitung: Im gesamten Alpenraum verbreitet, dort häufig; bis ca. 1700 m. Gesamtverbreitung: in den borealen, gemäßigten und mediterranen Zonen der Paläarktis.
Ähnliche Arten: Unverwechselbar.

B
58

A
58

58a

A
B
C
59

Star *(Sturnus vulgaris)* 60

A *Im Prachtkleid schwarzes, grün-violett schimmerndes Gefieder*
B *Im Prachtkleid mit gelbem Schnabel*
C *Kurzer Schwanz*

Merkmale: Ca. 21,5 cm. Im Schlichtkleid ohne Glanz, mit vielen weißen Tropfen und dunklem Schnabel. Geschlechter gleich, Jungvögel 60a einfarbig braun. Typische Flugsilhouette mit kurzem Schwanz und zugespitzten, dreieckigen Flügeln. Ruft kurz »tiür«, scharf »kjätt« oder heiser »stääh«. Der Gesang besteht aus kratzenden, gequetschten Lauten und Pfeiftönen, er wird unter Flügelschlagen und mit gesträubtem Kehlgefieder vorgetragen, häufig Imitationen anderer Vogelarten.

Lebensweise: Ernährt sich überwiegend von Insekten, Spinnentieren und anderen Wirbellosen, aber auch von Samen und Beeren. Trippelnde Fortbewegung am Boden. Bildet nach der Brutzeit oft riesige Schwärme. Höhlenbrüter, nimmt gerne Nistkästen an. Kann ziemlich alt werden (über 22 Jahre). Standvogel, Teil- und Kurzstreckenzieher; I–XII, aber im Alpenraum während des Winters nur ausnahmsweise.

Lebensraum: Laub- und Mischwälder, Parks und Gärten; große Vielfalt an Lebensräumen, brütet praktisch überall, wo ein geeignetes Brut- und Nahrungsangebot besteht.

Verbreitung: Im gesamten Alpenraum verbreitet, dort häufig, an der Südseite bis über 2000 m. Gesamtverbreitung: in den borealen und gemäßigten Zonen der Westpaläarktis und in Zentral- und Südostasien; eingebürgert in Nordamerika, Neuseeland und Australien sowie in Südwestafrika.

Ähnliche Arten: Unverwechselbar. Im Flug kann der Star aber mit dem Seidenschwanz *(Bombycilla garrulus)* verwechselt werden; diese Art kommt in manchen Jahren invasionsartig aus Sibirien und Nordosteuropa bis in den Alpenraum.

Zaunkönig *(Troglodytes troglodytes)* 61

A *Sehr klein mit rundlicher Gestalt*
B *Schwanz oft gestelzt*
C *Schmetternder, sehr lauter Gesang*

Merkmale: Ca. 9,5 cm, nach den beiden Goldhähnchenarten kleinster Singvogel Europas. Überwiegend bräunlich gefärbt mit teilweise feiner schwarzer Bänderung, hellbrauner Überaugenstreif. Geschlechter gleich. Schwirrender, geradliniger Flug, über kurze Strecken fast immer nahe am Boden. Erregungsruf ein hartes »teck«, auch in schneller Folge vorgetragen, und »zerrrr«; Gesang abwechslungsreich und wohltönend, auffallend laut und fast ganzjährig zu hören.

Lebensweise: Ernährt sich von Insekten, Spinnentieren und anderen Wirbellosen. Huscht oft mausartig durch das Unterholz. Kugelnest in Wurzeltellern, Überhängen, Nischen etc. Teilzieher; I–XII, Hochgebirgslagen und nördliche Brutgebiete werden im Winter jedoch geräumt.

Lebensraum: Buschreiche Landschaften, Wälder mit Unterholz; im Winter auch gerne im Schilf.

Verbreitung: In den Alpen überall verbreitet, dort häufig; bis ca. 2000 m. Gesamtverbreitung: von Nordwestafrika über praktisch ganz Europa ostwärts bis Japan.

Ähnliche Arten: Kann bei schlechter Sicht am ehesten mit einer Maus verwechselt werden, wenn man nur etwas »kleines Braunes« durch das Unterholz huschen sieht.

B
A
C
60

60a

B
61

Wasseramsel *(Cinclus cinclus)* 62

A *Großer weißer Brustlatz*
B *Rundliche Gestalt mit kurzem, häufig gestelztem Schwanz*
C *Häufiges »Knicksen«*

Merkmale: Ca. 18 cm. Gefieder außer der weißen Brust dunkelbraun mit helleren Partien an Kopf und Bauch (nur die mitteleuropäische Unterart). Geschlechter gleich, Jungvögel haben eine graue Ober- und helle Unterseite mit auffälliger Bänderung am ganzen Körper. Die Wasseramsel ist der einzige europäische Singvogel, der tauchen kann. Geradliniger Schwirrflug knapp über der Wasseroberfläche. Ruft kurz und scharf »zritt«, zwitschernder Gesang mit knirschenden und gepressten Tönen, der auch an rauschenden Stromschnellen noch gut zu hören ist.
Lebensweise: Ernährt sich von Insekten und anderen Wirbellosen sowie deren Larven, die tauchend unter Wasser erbeutet werden. Steht gerne auf Steinen in oder an Flüssen und Bächen und taucht seinen Kopf unter Wasser; schwimmt auch an der Oberfläche mit abgespreizten Flügeln und taucht immer wieder kurz ab. Kugelnest aus Moos in Uferböschungen, hinter Wasserfällen oder unter Brücken. Standvogel; I–XII.
Lebensraum: Naturnahe Flüsse und Bäche.
Verbreitung: In den Alpen überall verbreitet, dort nicht selten; bis weit über 2000 m. Gesamtverbreitung lückig von Nordafrika und Europa bis nach Westchina.
Ähnliche Arten: Unverwechselbar.

Amsel *(Turdus merula)* 63

A *Alte Männchen schwarz gefärbt mit gelbem Schnabel und gelbem Augenring*
B *Alte Weibchen dunkelbraun mit diffus gefleckter Brust*
C *Kulturfolger*

Merkmale: 24–25 cm. Nicht ausgefärbte Männchen schwarzbraun mit dunklem Schnabel; Jungvögel 63a ähnlich Weibchen, aber heller braun mit helleren und zahlreicheren Flecken. Erregungsruf ein hartes »tak-tak-tak«, sonst hoch »srieh« und weich »djük«; wohltönender, sehr abwechslungsreicher flötender Gesang.
Lebensweise: Amseln ernähren sich vielseitig von z.B. Insekten, Kleintieren, Regenwürmern, Schnecken usw., Früchte und Beeren werden vor allem im Herbst gefressen; gerne an Winterfütterungen. Das Nest befindet sich in Bäumen, Büschen, Nischen etc. und wird mit feuchter Erde und feinem Pflanzenmaterial ausgekleidet. »Waldamseln« auch heute noch sehr scheu und Zugvögel, sonst Standvogel und Teilzieher; I–XII.
Lebensraum: Siedlungen, Kulturland, Gärten, Parks und Wälder.
Verbreitung: In den Alpen überall häufig; selten höher als 1800 m. Gesamtverbreitung: Nordafrika, praktisch ganz Europa und Teile Vorder-, Zentral- und Ostasiens, eingeführt in Südaustralien und Neuseeland.
Ähnliche Arten: Männliche Amseln können mit der Ringdrossel *(Turdus torquatus)* verwechselt werden, diese hat jedoch immer einen weißen Brustring (die weißen Partien von teilweise leuzistischen Amseln sind nicht nur auf die Brust beschränkt). Der Star *(Sturnus vulgaris)* hat einen viel kürzeren Schwanz und ist ein Schwarmvogel; braune Jungstare können mit weiblichen und jungen Amseln verwechselt werden. Der kurze Schwanz ist aber auch hier ein eindeutiges Kennzeichen; zudem bewegen sich Amseln am Boden hüpfend fort, Stare hingegen trippelnd. Weibliche Amseln können eine helle Kehle und Brust haben und mit der Singdrossel *(Turdus philomelos)* verwechselt werden, diese sind aber auf der gesamten Unterseite hell und deutlich dunkel gefleckt.

62

63 ♂

63a

63 ♀

Singdrossel *(Turdus philomelos)* 64

A *Braune Oberseite*
B *Helle Unterseite mit durchgehender dunkler Fleckung*
C *Rostgelbe Unterflügeldecken*

Merkmale: Ca. 23 cm. Geschlechter gleich. Flugruf ein hohes und hartes »zip«; abwechslungsreicher, lauter Gesang mit Motivwiederholungen.

Lebensweise: Ernährt sich von Insekten, Regenwürmern und Schnecken, im Herbst auch von Früchten und Beeren; gelegentlich an Winterfütterungen; schlagen Gehäuseschnecken an immer denselben Steinen, den »Drosselschmieden«, auf. Das Nest wird in Bäumen (bevorzugt in Nadelbäumen), Hecken und Büschen angelegt und mit feuchter Erde ausgekleidet. In milden Regionen Standvogel, sonst Kurzstreckenzieher, der in Regionen mit mildem Winter überwintert; II–XI.

Lebensraum: Unterholzreiche Laub- und Nadelwälder.

Verbreitung: Im gesamten Alpenraum häufig; bis 1900 m. Gesamtverbreitung: West- und Zentralpaläarktis; eingeführt in Australien und Neuseeland.

Ähnliche Arten: Die Misteldrossel *(Turdus viscivorus)* ist größer, hat einen knarrenden Flugruf und silbrig-weiße Unterflügeldecken.

Misteldrossel *(Turdus viscivorus)* 65

A *Graubraune Oberseite*
B *Helle Unterseite mit durchgehender dunkler Fleckung*
C *Silbrig-weiße Unterflügeldecken*

Merkmale: Ca. 27 cm, größte heimische Drossel. Im Flug weiße Spitzen der äußeren Steuerfedern sichtbar. Geschlechter gleich. Beim Abflug charakteristischer knarrender Ruf; der melancholische Gesang erinnert an den der Amsel, ist aber monotoner.

Lebensweise: Ernährt sich von Insekten und Regenwürmern, im Herbst auch von Früchten und Beeren; gelegentlich an Winterfütterungen (Äpfel!). Scheu. Nest wird meist hoch in einer Astgabel gebaut und außen mit Moosen und Flechten, innen mit feuchter Erde ausgekleidet. Teil- und Kurzstreckenzieher, überwintert auch in tieferen Lagen; II–XI.

Lebensraum: Lichte Misch- und Nadelwälder mit angrenzenden Weiden für die Nahrungssuche.

Verbreitung: Im gesamten Alpenraum häufig; bis 2000 m. Gesamtverbreitung: West- und Zentralpaläarktis.

Ähnliche Arten: Die Singdrossel *(Turdus philomelos)* ist kleiner, hat rostgelbe Unterflügeldecken und ruft hoch und hart »zip«. Die Unterseite der Misteldrossel ist zudem heller als bei der Singdrossel und stärker gefleckt.

Wacholderdrossel *(Turdus pilaris)* 66

A *Grauer Kopf, Nacken und Bürzel*
B *Gelbliche Brust*
C *Brust und Flanken mit dichter dunkler Fleckung*

Merkmale: Ca. 25 cm. Braune Flügel, brauner Rücken, weißer Bauch, gelber Schnabel; der schwarze Schwanz hebt sich im Flug gut vom weißen Bauch und den weißen Unterflügeldecken ab. Geschlechter gleich, Jungvögel mit graubrauner Oberseite und dunkel gefleckter heller Unterseite. Charakteristischer schackernder Ruf (»tschack-tschack«), Gesang ein vor sich hin plätscherndes

A
B
64

B
65

C
65

A
A
B
C
66

Schwätzen aus gepressten und quietschenden Tönen.

Lebensweise: Ernährt sich von Insekten, Regenwürmern, Schnecken und anderen Wirbellosen, im Herbst auch von Früchten und Beeren; gelegentlich an Winterfütterungen (Äpfel!). Nest meist hoch in einer Astgabel oder in hohen Sträuchern, innen mit feuchter Erde ausgekleidet; brütet gerne in kleinen Kolonien. In Nestnähe attackieren Wacholderdrosseln Krähen und Greifvögel, indem sie diese mit Kot bespritzen, sodass sie teilweise nicht mehr fliegen können. Im Winter oft in Trupps. Kurzstreckenzieher (oft abhängig vom Beerenangebot); im Winter stoßen nördliche Populationen nach Mitteleuropa vor; I–XII.

Lebensraum: Halboffene Landschaften, lichte Wälder mit angrenzenden Weiden für die Nahrungssuche.

Verbreitung: Im gesamten Alpenraum mit Ausnahme der südlichen Bereiche häufig; bis ca. 2000 m. Gesamtverbreitung: von Mittel- und Nordosteuropa bis zur Taiga Mittelsibiriens.

Ähnliche Arten: Der graue Kopf und Bürzel in Kombination mit den braunen Flügeln und dem braunen Rücken machen die Wacholderdrossel unverwechselbar.

Ringdrossel *(Turdus torquatus)* 67

A *Weißes Brustband*
B *Gelber Schnabel*
C *Helle Flügelsäume*

Merkmale: 23–24 cm. Im Alpenraum Unterart *Turdus torquatus alpestris* mit heller Schuppung der Unterseite, beim Durchzug auch *Turdus torquatus torquatus* mit weniger auffälliger Schuppung der Unterseite. Weibchen blasser gefärbt mit verwaschenem Brustband, Jungvögel 67a braun mit heller gepunkteter Unterseite und ohne Brustband. Warnruf ein markantes »tok-tok-tok«; lauter Gesang aus kurzen flötenden Strophen, die mit kurzen Unterbrechungen wiederholt werden, meist von einer Warte aus vorgetragen.

Lebensweise: Ernährt sich von Insekten und Regenwürmern, im Herbst auch von Früchten und Beeren. Das Nest wird in Nadelbäumen und im Latschengebüsch versteckt und mit feuchter Erde ausgekleidet. Kurz- und Mittelstreckenzieher; III–X.

Lebensraum: Lockere Bergnadelwälder und Krummholzzone; bei Ankunft aus Überwinterungsgebieten auch gerne auf Almwiesen und in halboffenen Landschaften.

Verbreitung: Im Alpenraum mit Ausnahme der südlichen und südwestlichen Bereiche häufig; bis weit über 2000 m, meist auf 1400–1800 m. Lückig verbreitet in den Hochlagen Mittel- und Südeuropas und in Nordeuropa bis nach Vorderasien.

Ähnliche Arten: Wenn man das weiße Brustband nicht sieht, kann die Ringdrossel mit der Amsel *(Turdus merula)* verwechselt werden, die Ringdrossel hat aber helle Flügelsäume, die der Amsel fehlen. Jungvögel ähneln der Singdrossel *(Turdus philomelos)*, sind aber nicht so kontrastreich gezeichnet.

Steinrötel *(Monticola saxatilis)* 68

A *Rostroter Schwanz mit brauner Mittelbinde*
B *Männchen im Prachtkleid mit blauem Kopf, rostroter Unterseite und weißem Bürzel*
C *Männchen im Schlichtkleid und Weibchen geschuppt*

Merkmale: 16–19 cm. Männchen im Schlichtkleid, Weibchen und Jungvögel bräunliche Oberseite mit hellen Federsäumen und hellere Unterseite mit dichter Bänderung. Aufrechte Körperhaltung. Ruf ein helles »djü« und ein hartes »tschack«;

B
A
67 ♂

67 ♀

67a

B
68 ♂

C
68 ♀

Gesang abwechslungsreich mit flötenden und zwitschernden Tönen, wird von einer Warte oder im Singflug vorgetragen.

Lebensweise: Ernährt sich von Insekten und anderen Wirbellosen, erbeutet aber auch kleine Eidechsen; verschmäht Beeren und Früchte nicht. Scheu. Nest in Felsspalten oder -nischen. Langstreckenzieher; IV–IX.

Lebensraum: Meist südexponierte Fels- und Geröllhänge mit kurzgrasiger Vegetation.

Verbreitung: Hauptsächlich auf die Südalpen beschränkt, dort nicht häufig; bis 2400 m. Gesamtverbreitung: Gebirgsregionen von Nordwestafrika und Südeuropa bis östlich des Baikalsees.

Ähnliche Arten: Männchen im Prachtkleid unverwechselbar. Weibchen sind mit dem Weibchen der Blaumerle *(Monticola solitarius)* zu verwechseln, diese kommt in den Alpen aber nur lokal in den südlichsten Ausläufern vor und erreicht nur ausnahmsweise Höhen von 1000 m.

Zwergschnäpper *(Ficedula parva)* 69

A *Männchen mit roter Kehle und grauem Kopf*
B *Typische Schwanzfärbung mit umgedrehtem schwarzen »T« auf weißem Schwanz*
C *Hält sich überwiegend in Baumkronen auf*

Merkmale: Ca. 11,5 cm. Nur ausgefärbte Männchen mit roter Kehle, Weibchen und unausgefärbte Männchen 69a ohne rote Kehle und mit braunem Kopf. Stelzt oft den Schwanz. Wehmütiger, dreiteiliger Gesang.

Lebensweise: Ernährt sich von Insekten, die meist im Schwirr- und Jagdflug erbeutet werden. Moosnest in Rindenspalten, ausgefaulten Halbhöhlen, Nischen etc. Zugvogel; V–VIII.

Lebensraum: Hochstämmige, naturnahe Laub- und Mischwälder mit geschlossenem Kronendach.

Verbreitung: Im westlichen Teil der Alpen kein Vorkommen, im östlichen Teil der Alpen lückig verbreitet, dort selten; bis ca. 1500 m. Gesamtverbreitung: von den borealen und gemäßigten Zonen Südosteuropas bis nach Kamtschatka.

Ähnliche Arten: Das Rotkehlchen *(Erithacus rubecula)* hält sich vorwiegend in Bodennähe oder am Boden auf, wo es sich hüpfend fortbewegt; zudem fehlt die charakteristische Schwanzfärbung.

Es gibt zwei weitere Vertreter aus der Familie der Fliegenschnäpper *(Muscicapidae)*, die in den Alpen angetroffen werden können. Dazu zählt der unauffällig graubraun gefärbte Grauschnäpper *(Muscicapa striata)* 69b, ein Halbhöhlenbrüter, der z.B. in offenen Lärchenwäldern bis in 2000 m Höhe vorkommt. Sein bestes Kennzeichen ist eine Strichelung auf der Brust.

Der Trauerschnäpper *(Ficedula hypoleuca)* 69c steigt nicht ganz so hoch und kommt in offenen Laub- und Mischwäldern vor. Das Männchen ist je nach Unterart auf der Oberseite und am Flügel schwarz oder braungrau gefärbt mit einem auffälligen weißen Flügelfeld, die Unterseite ist weiß; die Männchen im Schlichtkleid und die Weibchen sind ähnlich, aber die Färbung ist eher braun und schmutzig weiß.

Rotkehlchen *(Erithacus rubecula)* 70

A *Rote Brust, Kehle und Stirn*
B *Oberseite olivbraun*
C *Weißer Bauch*

Merkmale: Ca. 14 cm. Geschlechter gleich, Jungvögel 70a mit bräunlicher Grundfärbung und grober Fleckung. Fortbewegung am Boden ruckartig hüpfend mit hängenden Flügeln. Knickst und stelzt gelegentlich den Schwanz. Typisches

A
69 ♂

69a

69b

69c ♂

B
A
C
70

Schnickern »tick-ik-ik-ik-ik« (ähnlich Zaunkönig); etwas melancholischer Gesang, abwechslungsreich mit perlenden Tönen, am Ende abfallend.

Lebensweise: Ernährt sich von Insekten, kleinen Würmern, Schnecken, Sämereien und Beeren; überwinternde Individuen auch an Fütterungen. Wenig scheu. Nest in Bodennähe in Höhlen, Halbhöhlen oder unter Wurzeln etc. Teilzieher; verlässt im Winter die Gebirgsregionen, aber in tieferen Lagen ganzjährig anzutreffen, da im Winter Zuzügler aus Ost- und Nordeuropa kommen.

Lebensraum: Alle Waldtypen mit ausreichender Unterholzvegetation, Gärten und Parks, Buschlandschaften.

Verbreitung: In den Alpen überall häufig; bis 1800 m, gelegentlich auch über 2000 m. Gesamtverbreitung: von Nordwestafrika über Europa bis Westsibirien.

Ähnliche Arten: Wie beim Rotkehlchen haben ausgefärbte Männchen des Zwergschnäppers *(Ficedula parva)* eine rote Kehle, aber die Stirn ist nie rot gefärbt. Außerdem halten sich Rotkehlchen vorwiegend in Bodennähe auf und nicht im Kronendach, Zwergschnäpper sind strenge Zugvögel, die nicht vor Anfang Mai erscheinen und schon im Laufe des August in die Winterquartiere ziehen, während das Rotkehlchen ganzjährig anwesend ist.

Blaukehlchen *(Luscinia svecica)* 71

A *Männchen mit blauer Kehle*
B *Deutlicher beiger Überaugenstreif*
C *Schwanz mit breiter schwarzer Endbinde, rostrote Bereiche an den Seiten der Schwanzwurzel*

Merkmale: 13–15 cm. Männchen und Weibchen unterschiedlich gefärbt. Männchen mit blauer Kehle, die von einem schwarzen und rostbraunen Band begrenzt ist; die Brutpopulation in Nordeuropa und den Alpen *(Luscinia svecica svecica)* **71a** hat einen roten Fleck in der blauen Kehle, die Population in Mitteleuropa *(Luscinia svecica cyanecula)* **71b** einen weißen. Weibchen unscheinbarer ohne blaue Kehle und mit breitem dunklen Brustband. Jungvögel **71c** bräunlich mit hellen Flecken, aber schon mit charakteristisch gefärbtem schwarz-rostbraunem Schwanz. Ruf hart »klack« oder gereiht »djüip«; abwechslungsreicher Gesang, der erst zögernd beginnt und häufig im Flug vorgetragen wird; einer der schönsten Gesänge.

Lebensweise: Ernährt sich von Insekten, im Herbst werden auch Beeren und Früchte angenommen. Nest am Boden in dichter Vegetation. Mittel- bzw. Langstreckenzieher; (III) IV–IX (X).

Lebensraum: Die Blaukehlchen der Population mit weißem Fleck sind Bewohner feuchter Lebensräume, wie Verlandungszonen, Altwasser, Flussauen, Schilfgräben und Baggerseen mit beginnender Gehölzsukzession, die Blaukehlchen der Alpen findet man v.a. in Blockhalden mit alpinen Sträuchern.

Verbreitung: Die Blaukehlchen mit rotem Fleck brüten außerhalb der kleinen Population in den Alpen (in Deutschland keine Vorkommen bekannt, Schwerpunkt Österreich, bis 2000 m) von Nordfennoskandinavien über Nordrussland bis an die Westküste Alaskas; man nimmt an, dass die kleine Brutpopulation in den Alpen von dort gebliebenen Durchzüglern skandinavischer Blaukehlchen begründet wurde, da sie hier ähnliche Brutbedingungen vorgefunden haben wie in der heimischen Taiga. Die Population mit weißem Fleck, die man beim Durchzug auch in den Alpen beobachten kann, findet man von Mitteleuropa bis südlich der Taiga.

Ähnliche Arten: Die Männchen sind unverkennbar. Weibchen und Jungvögel können immer an der typischen Schwanzzeichnung erkannt werden, die Jungvögel sind ansonsten jungen Rotkehlchen und Gartenrotschwänzen sehr ähnlich.

70a

71a ♂

71a ♀

71b ♂

71c

Hausrotschwanz *(Phoenicurus ochruros)* 72

A *Bürzel und Schwanz rostrot*
B *Ausgefärbte Männchen schwarz und grau mit weißem Flügelspiegel*
C *Zittert ständig mit dem Schwanz*

Merkmale: 14–15 cm. Weibchen und unausgefärbte Männchen einheitlich grau, Jungvögel ähnlich den Weibchen, aber mit hellem Schnabel. Ruf hart »ihd-täck-täck«; gepresster, knirschender Gesang, von einer Warte vorgetragen.
Lebensweise: Ernährt sich von Insekten und Spinnen, im Herbst ergänzt durch Früchte und Beeren. Nest in Nischen, Halbhöhlen an Gebäuden etc. Kurz- und Mittelstreckenzieher, einzelne Individuen überwintern aber in tieferen Lagen; die Alpenpopulation überwintert in der Mittelmeerregion; III–X.
Lebensraum: Felsregionen, aber auch Kulturfolger in Dörfern und Städten.
Verbreitung: In den Alpen überall häufig; bis 3000 m. Gesamtverbreitung: Nordwestafrika, südliches und gemäßigtes Europa bis Westchina.
Ähnliche Arten: Unausgefärbte Männchen und Weibchen können mit dem Weibchen des Gartenrotschwanzes *(Phoenicurus phoenicurus)* verwechselt werden. Dieses ist aber bräunlicher gefärbt und hat eine deutlich hellere Unterseite.

Gartenrotschwanz *(Phoenicurus phoenicurus)* 73

A *Bürzel und Schwanz rostrot*
B *Männchen mit weißer Stirn, schwarzer Kehle und rostroter Unterseite*
C *Zittert ständig mit dem Schwanz*

Merkmale: Ca. 14 cm. Männchen im Schlichtkleid blasser, Weibchen mit bräunlicher Grundfärbung und etwas hellerer Unterseite; Jungvögel **73a** wie junge Rotkehlchen, aber bereits mit rotem Schwanz. Ruf ähnlich Hausrotschwanz; weicher Gesang mit kurzen Strophen und einleitendem »sih-trü-trü«.
Lebensweise: Ernährt sich von Insekten und Spinnen, im Herbst ergänzt durch Früchte und Beeren. Höhlen- und Halbhöhlenbrüter. Langstreckenzieher; IV–IX (X).
Lebensraum: Laub- und Mischwälder, auch offene Lärchenwälder, Parks und Kleingartenanlagen mit Obstbaumbeständen.
Verbreitung: In den Alpen überall verbreitet, in höheren Lagen aber eher selten; bis max. 2000 m. Gesamtverbreitung: Nordwestafrika und Europa bis Mittelsibirien.
Ähnliche Arten: Weibchen können mit dem Weibchen des Hausrotschwanzes *(Phoenicurus ochruros)* verwechselt werden. Dieses ist aber grauer.

Braunkehlchen *(Saxicola rubetra)* 74

A *Weißer Überaugenstreif*
B *Männchen mit orangeroter Kehle und Brust*
C *Kurzschwänzig*

Merkmale: 12–14 cm. Männchen mit kontrastreicher Kopfzeichnung und dunkelbraunen Wangen, Weibchen viel blasser. Schwanzansatz mit weißen Flecken, besonders im Flug sichtbar. Jungvögel bräunlich mit hellen Sprenkeln. Ruf »jü-tek«; Gesang abwechslungsreich mit harten, knirschenden und auch melodischen Lauten; imitiert andere Vogelstimmen.
Lebensweise: Ernährt sich von Spinnentieren und Insekten, die von einer Warte aus erbeutet werden, im Herbst auch von

72 ♂

72 ♀

73 ♂

73 ♀

73a

74

Beeren. Aufrechte Haltung, knickst häufig und wippt mit dem Schwanz. Bodenbrüter. Langstreckenzieher; V–VIII (Alpenpopulation).
Lebensraum: Moore und Feuchtgebiete, extensiv genutzte Wiesen und Heiden, Hochstaudenflure.
Verbreitung: In den Alpen überall verbreitet, in höheren Lagen aber eher selten; bis 2300 m. Gesamtverbreitung: von Westeuropa (ohne Süden) bis Zentralasien.
Ähnliche Arten: Weibchen können mit dem Weibchen des Schwarzkehlchens *(Saxicola rubicola)* verwechselt werden. Das Braunkehlchen-Weibchen hat aber einen hellen Überaugenstreif, zudem sind Schwarzkehlchen nur ausnahmsweise in den Alpen anzutreffen.

Steinschmätzer *(Oenanthe oenanthe)* 75

A *Typische Schwanzzeichnung (umgedrehtes schwarzes »T«)*
B *Männchen mit schwarzer Gesichtsmaske und grauem Mantel*
C *Im Flug fallen die Schwanzzeichnung und der weiße Bürzel auf*

Merkmale: Ca. 15 cm. Heller Überaugenstreif, Unterseite hellbeige; Männchen mit schwarzen Flügeln; Weibchen bräunlich gefärbt mit braun-schwarzen Flügeln; Jungvögel **75a** bräunlich mit hellerer Unterseite, aber bereits typischer Schwanzzeichnung. Ruft hart »täk-täk«; Gesang abwechslungsreich mit harten, knirschenden und zwitschernden Lauten, von Warte oder im Flug vorgetragen.
Lebensweise: Ernährt sich überwiegend von Insekten, aber auch von anderen Wirbellosen und im Herbst von Beeren. Zuckt häufig mit Schwanz und Flügeln. Bodenbrüter, Nest gerne unter Steinen. Langstreckenzieher; V–VIII (Alpenpopulation).
Lebensraum: Offene, mit Felsen durchsetzte Landschaften.
Verbreitung: In den Alpen überall verbreitet, dort nicht selten; bis ca. 2500 m. Gesamtverbreitung: fast die gesamte Nordhalbkugel.
Ähnliche Arten: Ähnlich sind der Mittelmeer-Steinschmätzer *(Oenanthe hispanica)* und der Isabell-Steinschmätzer *(Oenanthe isabellina)*, die aber beide nicht in den Alpen vorkommen.

Alpenbraunelle *(Prunella collaris)* 76

A *Rostbraune Flanken*
B *Weiße Flecken auf Flügeldecken*
C *Altvogel mit weißer, fein schwarz gefleckter Kehle*

Merkmale: Ca. 18 cm. Wirkt aus der Entfernung dunkelgrau; Oberseite graubraun mit kräftig schwarz gestreiftem Rücken, Unterseite hellgrau; schwarze Flügelbinde mit weißen Punkten, Schnabel schwarz mit gelblicher Unterseite; Geschlechter gleich; Jungvögel **76a** ähnlich, aber weniger kontrastreich mit stärkerer Streifung und ohne weiße Kehle und rostbraune Flanken. Verschiedene Rufe, rau »trrlit« oder »brrür«; Gesang mit lerchenartigen Trillern, wird von einer Warte, am Boden oder im Flug vorgetragen; auch die Weibchen singen, aber etwas leiser.
Lebensweise: Ernährt sich von Insekten und Spinnen, im Herbst und Winter werden auch kleine Sämereien angenommen, ist gelegentlich sogar an Fütterungen zu finden. Nicht sehr scheu, ist im Winter oft in der Nähe von Berghütten zu beobachten, wo sie nach Essensresten sucht. Komplizierte Fortpflanzungsbiologie mit Polygynie und Polyandrie und sogar kleinen Brutgruppen. Umfangreiches Nest aus Moosen und Halmen in Nischen und Halbhöhlen, an Gebäuden etc. Teilzieher, der im Winter in tiefere Lagen ausweicht; III–XI.
Lebensraum: Alpine Matten mit grobem

B
C
75 ♂

75 ♀

75a

76a

C
A
76

Felsgeröll, mit Felsbrocken durchsetzte Hänge, Strauchfluren, zur Brutzeit meist oberhalb der Baumgrenze.
Verbreitung: In den gesamten Alpen verbreitet, dort nicht selten; lokal bis 3000 m. Gesamtverbreitung: Gebirge Mittel- und Südeuropas bis nach Ostasien sowie in den Gebirgen Nordwestafrikas.
Ähnliche Arten: Die Heckenbraunelle *(Prunella modularis)* hat einen ganz schwarz gefärbten Schnabel, eine graue Kehle und keine rostbraunen Flanken; zudem bevorzugt die Alpenbraunelle zur Brutzeit felsige Gegenden oberhalb der Baumgrenze, die Heckenbraunelle eher Dickichte und die Krummholzzone.

Heckenbraunelle *(Prunella modularis)* 77

A *Kopf und Brust grau*
B *Rücken braun mit dunkler Streifung*
C *Dünner dunkler Schnabel*

Merkmale: Ca. 14,5 cm. Flanken bräunlich gefärbt mit mehr oder weniger starker dunkler Streifung. Geschlechter gleich; Jungvögel **77a** mit braunerem Gefieder und kräftigerer Streifung. Ruf ein hohes durchdringendes »tshii«; Gesang eine Reihe schneller auf- und absteigender Strophen, meist von einer Warte aus vorgetragen.
Lebensweise: Ernährt sich im Sommer überwiegend von Insekten und Spinnen, ansonsten von kleinen Sämereien. Nach Einstellung des Gesangs sehr unauffällig und kaum zu entdecken. Nest meist in Bodennähe im dichten Gebüsch. Kurzstrecken- und Teilzieher, überwintert von Mitteleuropa bis zum Mittelmeergebiet; (I) II–XI (XII).
Lebensraum: Unterholzreiche Wälder, Hecken, Latschengebüsche.
Verbreitung: Im gesamten Alpenraum verbreitet, dort häufig; bis 2500 m. Gesamtverbreitung: In ganz Europa außer Island und den südlichsten Regionen; auch an der Südostküste des Schwarzen Meeres.
Ähnliche Arten: Nur mit der Alpenbraunelle *(Prunella collaris)* zu verwechseln, die aber einen anderen Lebensraum bewohnt und an den rostbraunen Flanken zu erkennen ist.

Schneesperling *(Montifringilla nivalis)* 78

A *Grauer Kopf*
B *Brauner Rücken*
C *Flügel und Schwanz schwarz-weiß*

Merkmale: Ca. 17 cm. Unterseite schmutzig weiß, im Flug fallen sofort das Weiß im Schwanz und die weißen Abzeichen im Flügel auf; Geschlechter nahezu gleich gefärbt; Männchen im Prachtkleid **78a** mit schwarzem Schnabel, schwarzem Kinn und schwarzer Kehle; Schnabel sonst gelb. Ruft »tsi«, aber auch quäkend »zjä«; Gesang mit sperlingsähnlichen Trillern, auch im Flug vorgetragen.
Lebensweise: Ernährt sich im Sommer überwiegend von Insekten und Spinnen, im Winter von Sämereien. Jahresvogel, auch im Winter meist oberhalb der Baumgrenze anzutreffen. Im Winter sehr gesellig und gerne in der Nähe von Berghütten und Bergstationen. Nest in Felsspalten und -höhlen, aber auch an Gebäuden und künstlich errichteten Mauern.
Lebensraum: Zerklüftete Felswände mit angrenzenden schneefreien Matten oberhalb der Baumgrenze.
Verbreitung: Im gesamten Alpenraum verbreitet, aber meist nicht häufig; bis 3000 m, aber Brut auch schon auf 3650 m nachgewiesen. Gesamtverbreitung: alpine und subalpine Gebiete der Paläarktis.

C
B
A
77

77a

A
B
C
78

78

78a

Ähnliche Arten: Unverwechselbar. In Frankreich im westlichen Bereich der Alpen und mit einer lokalen Population in den Grajischen Alpen brütet der Steinsperling *(Petronia petronia)* **78b**. Er ähnelt einem Haussperlingsweibchen, hat aber eine typische Kopfzeichnung mit einem auffälligen breiten hellen Überaugen- und Scheitelstreif; kleiner gelber Kehlfleck, der aber oft nicht sichtbar ist. Er brütet gerne in kleinen Kolonien und legt sein Nest in Ruinen und Mauerspalten an.

Bergpieper *(Anthus spinoletta)* 79

A *Dunkle Beine*
B *Im Prachtkleid mit graubraunem Rücken und rosa überlaufener Brust*
C *Weißer Überaugenstreif*

Merkmale: 17–17,5 cm. Schlichtkleid **79a** und Jungvögel mit gestrichelter Ober- und Unterseite; weiße Schwanzkanten; Geschlechter gleich. Scharfe »ist-ist«-Warnrufe; der abwechslungsreiche Gesang wird häufig im Singflug vorgetragen.
Lebensweise: Ernährt sich von Insekten, nimmt im Winter aber auch Sämereien auf. Bodenbrüter, Nest oft gut in Nischen versteckt. Kurzstreckenzieher; die mitteleuropäischen Populationen ziehen nach Norden und überwintern im Tiefland Mitteleuropas, dort gerne an Ufern und auf Schotterbänken von Flüssen und Seen; in den Hochlagen Sommervogel; III–XI.
Lebensraum: Alpine Grasflächen mit eingestreuten Felsen bis zur Vegetationsgrenze, unterhalb der Baumgrenze auf kurzgrasigen Almflächen.
Verbreitung: In den gesamten Alpen verbreitet, dort nicht selten; fast bis 3000 m. Gesamtverbreitung: die Hochlagen Mittel- und Südeuropas bis nach Zentralchina.
Ähnliche Arten: Der Baumpieper *(Anthus trivialis)* hat helle Beine und eine kräftig gestreifte Brust.

Baumpieper *(Anthus trivialis)* 80

A *Kräftig gestrichelte gelbbeige Brust*
B *Rötliche Beine*
C *Bräunliche Grundfärbung*

Merkmale: Ca. 15 cm. Strichelung der Flanken schwächer als die der Brust, helle Schwanzkanten; Geschlechter gleich. Ruft rau »psrieh«; der abwechslungsreiche Gesang wird meist im Singflug vorgetragen und endet mit »tsia-tsia-tsia«-Lauten. Im Gegensatz zum Bergpieper landet der Baumpieper meist auf einer hohen Warte.
Lebensweise: Ernährt sich von Insekten. Bodenbrüter. Langstreckenzieher, der südlich der Sahara überwintert; IV–X.
Lebensraum: Waldränder, Lichtungen, offene Landschaften mit einzelnen Baumgruppen, Moore.
Verbreitung: In den gesamten Alpen verbreitet, dort nicht selten; bis 2000 m. Gesamtverbreitung: von Westeuropa bis Mittelsibirien.
Ähnliche Arten: Der Bergpieper *(Anthus spinoletta)* führt zwar einen ähnlichen Singflug vor, doch ist dieser an seiner nicht gestreiften, rosa überhauchten Brust, dem grauen Kopf und den schwarzen Beinen gut zu erkennen.
Der Wiesenpieper *(Anthus pratensis)* ist nur bei guten Sichtverhältnissen vom Baumpieper unterscheidbar. Er kommt in den Alpen nur regelmäßig während des Durchzugs vor. Sein »ist«-Ruf ist schärfer. Meist hat er keine gelbbeige getönte Brust und die Strichelung an den Flanken ist genauso kräftig wie auf der Brust.
Die Singdrossel *(Turdus philomelos)* ist deutlich größer, hat im Gegensatz zum Baumpieper keinen Überaugenstreif und eine gepunktete Brust.

78b

79

79

79a

80

Bachstelze *(Motacilla alba)* 81

A *Gefiederfärbung ausschließlich weiß, schwarz und grau*
B *Schwarze Kehle und Brust*
C *Wippt häufig mit dem Schwanz*

Merkmale: Ca. 18 cm. Grauer Rücken, langer schwarzer Schwanz mit weißen Kanten; Geschlechter fast gleich, Männchen aber mit scharf abgesetzter schwarzer Kappe im Nacken; Jungvögel **81a** und Altvögel im Schlichtkleid wesentlich weniger markant gefärbt, vor allem die kontrastreiche Kopf-/Brustzeichnung ist nicht deutlich ausgeprägt. Typischer wellenförmiger Flug mit hastigen Flügelschlägen am tiefsten Punkt. Vielgestaltige Rufe, u.a. zweisilbig »tschiwui«; wenig beeindruckender zwitschernder Gesang.

Lebensweise: Insektenfresser, ernährt sich ausnahmsweise auch von kleinen Fischchen. In den Alpen gerne in der Nähe von Berghütten etc. und von Weidevieh. Nest in Halbhöhlen und Nischen meist in Bodennähe, aber auch an Gebäuden und technischen Konstruktionen, dann auch in großer Höhe. Mittel- und Kurzstreckenzieher, zunehmend überwintern einzelne Individuen auch im Tiefland; II–XI.

Lebensraum: Breites Spektrum an Lebensräumen von Wiesen und Äckern bis zu Bauernhöfen und sogar Industrieflächen; gerne in der Nähe von Wasser, aber nicht daran gebunden.

Verbreitung: In den ganzen Alpen verbreitet, dort häufig; bis 2000 m. Gesamtverbreitung: in vielen Unterarten von Nordafrika und Europa bis zur Pazifikküste im Osten.

Ähnliche Arten: Das Weibchen der Gebirgsstelze *(Motacilla cinerea)* hat eine blassgelb gefärbte Brust und einen längeren Schwanz, zudem kann man Gebirgsstelzen nur selten abseits von Flüssen und Bächen beobachten.

Gebirgsstelze *(Motacilla cinerea)* 82

A *Gelbe Unterseite*
B *Männchen im Prachtkleid mit schwarzem Kehllatz*
C *Ständig wippender Schwanz und Hinterkörper*

Merkmale: 18–19 cm. Rücken und Oberkopf grau, langer Schwanz mit weißen Kanten, Flügel schwarz, weißer Überaugenstreif. Geschlechter unterschiedlich gefärbt; Männchen im Prachtkleid mit intensiv gelb gefärbter Unterseite und schwarzem Kehllatz, Weibchen und Männchen im Schlichtkleid ohne schwarze Kehle und mit viel schwächer gefärbter Unterseite, meist nur Unterschwanzdecken auffällig gelb; Jungvogel ähnlich Weibchen. Wellenförmiger Flug mit kurzen Folgen schneller Flügelschläge. Ruft hart »zississ« (härter und metallischer als die Bachstelze), Gesang auch bei tosendem Wasser noch gut zu hören.

Lebensweise: Insektenfresser, verschmäht aber auch Flohkrebse und kleine Mollusken nicht. Nest in Halbhöhlen und Nischen in Gewässernähe, gerne unter Brücken. In milden Lagen Standvogel; die Gebirgspopulation überwintert im Tiefland.

Lebensraum: In der Nähe von Gewässern, zur Brutzeit an mehr oder weniger schnell fließenden Bächen und Flüssen mit Wildflusscharakter, beim Überwintern im Tiefland auch an stehenden Gewässern.

Verbreitung: In den gesamten Alpen verbreitet, dort häufig; bis 1700 m, selten auch höher. Gesamtverbreitung: in vielen Unterarten lückig von Nordwestafrika und Europa bis Korea und Japan.

Ähnliche Arten: Die Bachstelze *(Motacilla alba)* erinnert nur in Erscheinung und Form an eine Gebirgsstelze, kann aber aufgrund der fehlenden Gelbfär-

81

81a

82 ♂

82 ♀

bung nicht mit ihr verwechselt werden. Eine Verwechslung kann nur im Flug erfolgen, hier zeigt die Gebirgsstelze aber ein weißes Band im Flügel.
Die ebenfalls gelb gefärbte Wiesenschafstelze *(Motacilla flava flava)* **82a**, eine Unterart der Schafstelze *(Motacilla flava)*, hat einen olivgrün statt grau gefärbten Rücken und einen deutlich kürzeren Schwanz. Der Flugruf ist ein charakteristisches weiches »psi«. Schafstelzen sind Zugvögel, die zwischen März und Oktober in Mitteleuropa sind. Ursprünglich sind sie Bewohner von Feuchtwiesen, man findet sie aber auch auf extensiv bewirtschafteten Wiesen oder Viehweiden und sogar in Rapsäckern. Sie sind Vögel des Tieflands, doch während der Zugzeit kann man Schafstelzen auch in den Alpen auf Viehweiden oder Matten antreffen. Die Schafstelze bildet viele Unterarten aus, deren Männchen sich v.a. anhand der Kopfzeichnung unterscheiden lassen.

Buchfink *(Fringilla coelebs)* 83

A *Zwei auffällige weiße Flügelbinden*
B *Äußere Schwanzfedern weiß*
C *Männchen mit blaugrauem Scheitel und Nacken*

Merkmale: Ca. 14,5 cm. Männchen mit rostroten Kopfseiten und rostroter Brust, Weibchen überwiegend braun gefärbt. Vielfältige Rufe, u.a. ein hartes »pink« und ein »rülschen« (»Regenruf«), Flugruf ein weiches »jüp, jüp«; charakteristischer Gesang (»Finkenschlag«).
Lebensweise: Ernährt sich überwiegend pflanzlich, im Sommer aber auch von Insekten und Spinnentieren; Nahrung wird meist am Boden aufgenommen; gerne an Winterfütterungen. Nest in Astgabeln und Ästen auf Bäumen, Büschen etc., mit Flechten und Rindenstücken getarnt. Standvogel; I–XII.
Lebensraum: Wälder aller Art bis zur Baumgrenze.
Verbreitung: Im gesamten Alpenraum verbreitet, dort sehr häufig; bis 2300 m. Gesamtverbreitung: fast ganz Europa und östlich davon bis Mittelsibirien, auch in Nordafrika; die Populationen in Südafrika und Neuseeland wurden eingeführt.
Ähnliche Arten: Der Bergfink *(Fringilla montifringilla)* hat eine überwiegend orange Gefiederfärbung sowie einen weißen Bürzel, der besonders beim Auffliegen auffällt, und ist zudem nur Wintergast.

Bergfink *(Fringilla montifringilla)* 84

A *Orange Brust und Schultern*
B *Weißer Bürzel (fällt im Flug auf)*
C *Dunkel gefleckte Flanken*

Merkmale: Ca. 14 cm. Bauch weiß; Männchen kräftiger gefärbt, im Prachtkleid mit blauschwarzem Kopf und Mantel. Ruf ein nasal-quäkendes »dschäe«.
Lebensweise: Ernährt sich überwiegend pflanzlich, im Sommer aber auch von Insekten und Spinnentieren; die Nahrung wird meist am Boden aufgenommen; gerne an Winterfütterungen. Wintergast, X–IV.
Lebensraum: Im Winter bevorzugt Buchenwälder, aber auch Nadelwald.
Verbreitung: Im gesamten Alpenraum verbreitet, dort häufig; meist unter 1700 m. Kann in manchen Jahren invasionsartig vorkommen; Ansammlungen von mehreren Millionen Individuen sind dann möglich. Gesamtverbreitung: Nadelwaldgürtel der Paläarktis.
Ähnliche Arten: Der Buchfink *(Fringilla coelebs)* hat keinerlei orange Gefiederfärbung.

82a

C
A
83 ♂

83 ♀

A
C
84 ♀

A
C
84 ♂

Gimpel *(Pyrrhula pyrrhula)* 85

A *Schwarze Kappe*
B *Kräftiger schwarzer Schnabel*
C *Männchen mit roter, Weibchen mit bräunlicher Unterseite*

Merkmale: 14,5–16,5 cm. Auffällig gefärbter Finkenvogel mit rundlicher Gestalt; wirkt meist halslos. Weiße Flügelbinde im schwarzen Flügel; schwarzer Schwanz; Männchen mit grauem, Weibchen mit bräunlichem Rücken; im Flug ist der weiße Bürzel gut sichtbar; Jungvögel **85a** wie Weibchen, aber ohne schwarze Kopfplatte. Pfeift typisch weich abfallend »djüh«, beim Auffliegen kurzes gedämpftes »büt-büt-büt«.
Lebensweise: Ernährt sich überwiegend pflanzlich, Nestlinge werden aber auch mit Insekten und Spinnentieren gefüttert; gerne an Winterfütterungen. Nest in Laubhölzern und jungen Koniferen. Standvogel; I–XII.
Lebensraum: Nadel- und Mischwälder, im Flachland auch Gärten und Parks.
Verbreitung: Im gesamten Alpenraum verbreitet, dort häufig; bis 2000 m. Gesamtverbreitung: von Europa (in Südeuropa lückenhaft) bis Kamtschatka und Japan.
Ähnliche Arten: Jungvögel können mit Weibchen des Buchfinks verwechselt werden. Junge Gimpel haben aber einen schwarzen Schwanz, schwarze Flügel und nur eine breite weiße Flügelbinde.

Fichtenkreuzschnabel *(Loxia curvirostra)* 86

A *Kräftiger Schnabel mit überkreuzten Spitzen*
B *Alte Männchen überwiegend rot gefärbt*
C *Auffälliger Flugruf, hartes »gip-gip-gip«*

Merkmale: Ca. 16,5 cm. Weibchen und unausgefärbte Männchen überwiegend gelbgrün, Jungvögel **86a** blasser und kräftig gestreift.
Lebensweise: Nahrungsspezialist, der sich überwiegend von Fichtensamen ernährt; fährt oft kopfüber hängend mit dem Schnabel in die Schuppen der Zapfen, spreizt diese auf und holt mit der Zunge die Samen heraus; frisst aber auch frische Triebe, Knospen und Insekten; um den Kalziumbedarf zu decken, wird gerne auch der Kalkputz an Gebäuden abgeschabt. Unstet, je nach Nahrungsangebot kommt es zu massenhaften Abwanderungen (»Zigeunervogel«). Nest meist hoch und gut versteckt in Nadelbäumen; wenn Fichten fruchten, erfolgt die Brut auch mitten im Winter. Standvogel; I–XII.
Lebensraum: Fichtendominierte Nadelwälder.
Verbreitung: Im gesamten Alpenraum verbreitet, dort häufig, aber teilweise Abwanderungen (s.o.); bis 2200 m. Auf der Nordhalbkugel lückig verbreitet mit Bevorzugung von Gebirgen.
Ähnliche Arten: In den Alpen unverwechselbar; kann in Nordeuropa mit Kiefern- *(Loxia pytyopsittacus)* und Bindenkreuzschnabel *(Loxia leucoptera)* verwechselt werden, die in Ausnahmefällen in Invasionsjahren auch die Alpen erreichen.

Zitronenzeisig *(Carduelis citrinella)* 87

A *Graufärbung an Oberkopf, Nacken und Wangen*
B *Zwei gelbgrüne Flügelbinden*
C *Charakteristischer Flugruf »tjight« (einzeln oder in lockerer Folge)*

Merkmale: Ca. 12 cm. Gelbgrüner Finkenvogel; Geschlechter nahezu gleich; Weibchen in der Regel etwas schwächer gefärbt und mit gestreiftem Rücken; Jungvögel **87a** matter, ohne Graufärbung und mit stark gestrichelter Unter-

85 ♂

85 ♀

85a

86a

86 ♂

86 ♀

seite. Zwitschernder Gesang aus kurzen Strophen.

Lebensweise: Ernährt sich von Sämereien. Brütet in lockeren Kolonien, nach der Brutzeit bilden sich oft größere Schwärme; Nest meist im Kronenbereich von Fichten. Kurzstreckenzieher, der vor allem in Spanien und Südwestfrankreich überwintert; trifft früh in den Brutgebieten ein und weicht dann bei Kälteeinbrüchen in tiefere Lagen aus; II–XI.

Lebensraum: Montane und subalpine lichte Nadelwälder ab ca. 1200 m am Rand von Almböden oder extensiv genutzten Wiesen; nach der Brutzeit auch in der Krummholzzone.

Verbreitung: Im Alpenraum nur lückig verbreitet, dort nicht häufig; bis ca. 2200 m. Gesamtverbreitung: europäischer Endemit, der nur kleine Verbreitungsinseln in Spanien, Frankreich, der Schweiz, Österreich und Deutschland aufweist.

Ähnliche Arten: Das Männchen des Erlenzeisigs *(Carduelis spinus)* hat eine schwarz gefärbte Kopfplatte, gestreifte Flanken und einen hellen Bauch, das Weibchen des Erlenzeisigs ist eher mit dem Zitronenzeisig zu verwechseln, weist aber keine Graufärbung auf; Oberseite, Brust und Flanken sind deutlich gestreift; die Jungvögel sind nur sehr schwer und nur bei guter Sicht unterscheidbar. Der Grünling oder Grünfink *(Carduelis chloris)* ist kräftiger, mit Gelbfärbung an Schwanzbasis und Handschwingen und ohne Flügelbinden, die Grundfärbung ist v.a. beim Männchen grünlich; bis 1400 m, ausnahmsweise auch höher.

Erlenzeisig *(Carduelis spinus)* 88

A *Männchen mit schwarzer Kopfplatte und Kinn sowie gelb gefärbter Brust*
B *Heller Bauch*
C *Gestreifte Flanken*

Merkmale: Ca. 12 cm. Flügel schwarz-gelb gefärbt mit zwei gelben Binden; Weibchen deutlich schlichter als Männchen, Jungvögel ähnlich Weibchen, aber blasser mit stärkerer Streifung und bräunlichem Mantel; im Flug gelber Bürzel und schwarz eingerahmte gelbe Flügelbinde auffallend. Gesang abwechslungsreiches Gezwitscher aus trillernden und gequetschten Lauten; Flugruf typisch »tetete«, auch kurze »zää«-Rufe.

Lebensweise: Ernährt sich von Sämereien, vorzugsweise Erlen- und Birkensamen; häufig an Winterfütterungen. Nest meist auf Nadelbäumen. Mittelstreckenzieher, der im Mittelmeerraum überwintert; im Winter Zuzug aus nördlichen Populationen, I–XII.

Lebensraum: Fichtendominierte Nadel- und Mischwälder, außerhalb der Brutzeit auch in der Krummholzzone.

Verbreitung: Im gesamten Alpenraum verbreitet, dort häufig; bis ca. 2200 m. Gesamtverbreitung: in Europa in Gebirgswäldern und nordischen Nadelwäldern, ostwärts bis Ostsibirien.

Ähnliche Arten: Der Zitronenzeisig *(Carduelis citrinella)* ist auf der Unterseite nicht gestreift und hat eine Graufärbung am Kopf; Jungvögel sind schwer unterscheidbar Junge Erlenzeisige können mit jungen Girlitzen *(Serinus serinus)* verwechselt werden, diese sind aber dunkler und haben einen kürzeren und dickeren Schnabel.

Bluthänfling *(Carduelis cannabina)* 89

A *Männchen im Prachtkleid mit roter Brust und Stirn*
B *Kastanienbrauner Rücken (beim Weibchen gestreift)*
C *Weiße Schwanzkanten*

Merkmale: Ca. 13,5 cm. Weibchen wesentlich schlichter gefärbt als Männchen und mit starker Streifung auf Ober- und Unterseite; Männchen mit grauem Kopf.

87 ♂

87a

88 ♂

88 ♀

Flugruf »Tett-ett-ett...«, abwechslungsreicher zwitschernder Gesang.

Lebensweise: Ernährt sich von Sämereien; diese werden vorwiegend vom Boden aufgenommen. Brütet gerne in kleinen Kolonien; Nest in dichten Hecken, Büschen etc. und in Jungkoniferen. In milden Tieflandgebieten ganzjährig, sonst Kurz- und Mittelstreckenzieher; schließt sich im Winter mit anderen Finkenarten zusammen.

Lebensraum: Halboffene Landschaften mit Hecken- oder Jungkoniferenbewuchs, wichtig ist das Nahrungsangebot durch Ackerkräuter oder eine samentragende Krautschicht. In den Alpen in der Krummholzzone über der Baumgrenze.

Verbreitung: Im Alpenraum nur lückig verbreitet, dort nicht häufig; bis 2100 m. Gesamtverbreitung: von Nordafrika über Europa (ohne äußersten Norden) bis Vorderasien und Westsibirien.

Ähnliche Arten: Das Männchen im Prachtkleid kann mit dem Birkenzeisig *(Carduelis flammea)* verwechselt werden. Das Bluthänfling-Männchen hat aber einen grauen Nacken und einen kastanienbraunen Rücken. Das Weibchen kann mit mehreren Finkenarten verwechselt werden, im Gegensatz zum Birkenzeisig hat das Hänfling-Weibchen keinerlei Rotfärbung und ist etwas größer, im Gegensatz zum Buchfink fehlen dem Hänfling die beiden weißen Flügelbinden und im Gegensatz zum Grünling *(Carduelis chloris)* fehlt dem Hänfling jeglicher Anflug einer Grünfärbung, zudem sind beim Grünling die gelben Handschwingen meist sehr auffällig. Der Stieglitz oder Distelfink *(Carduelis carduelis)* ist eine weitere, allerdings unverwechselbare, Finkenart, die in den Alpen angetroffen werden kann. Obwohl eher eine Art des Tieflands, gibt es Brutnachweise bis auf 2000 m Höhe. Im Sommer kann der Stieglitz regelmäßig auf Bergweiden, die noch höher liegen, vorgefunden werden, wo er sich von den Samen von Disteln und anderen Korbblütlern ernährt. Die Altvögel sind mit der schwarz-gelben Flügelzeichnung und dem schwarz-weißen Kopf mit roter Maske unverwechselbar; Jungvögeln fehlt die markante Gesichtszeichnung, sie sind aber aufgrund der typischen Flügelzeichnung eindeutig bestimmbar.

Birkenzeisig *(Carduelis flammea)* 90

A *Roter Stirnfleck*
B *Kleiner schwarzer Kehlfleck*
C *Rücken und Flanken dunkel gestreift*

Merkmale: Ca. 11,5 cm. Unauffälliger, bräunlich gefärbter Finkenvogel. Männchen im Prachtkleid mit ausgedehnter roter Brust. In den Alpen kommt die Unterart *Carduelis flammea cabaret* vor, die kleiner und dunkler gefärbt ist als die Nominatform *Carduelis flammea flammea*. Typischer Flugruf »tschett-tschett-tschett«, Gesang ein auffälliges Schwirren »tschrrrrrr« mit gedehnten Elementen.

Lebensweise: Ernährt sich überwiegend von Pflanzensamen, ergänzt durch kleine Insekten und Spinnentiere. Im Winter sehr gerne auf Birken und Erlen. Nest meist im unteren Bereich von Bäumen und Sträuchern. Ganzjährig, aber Höhenwanderungen im Gebirge, im Winter im Alpenvorland.

Lebensraum: Krummholzzone und obere Bergwaldzonen mit lichtem Baumbestand, gerne am Rand von Almböden; Grünerlengebüsch; im Alpenvorland auch Gärten und Parks.

Verbreitung: Im gesamten Alpenraum verbreitet, dort nicht häufig; bis ca. 2200 m. Gesamtvorkommen: in vielen Unterarten zirkumpolar in den borealen und gemäßigten Zonen.

Ähnliche Arten: Der Bluthänfling *(Carduelis cannabina)* ist deutlich größer, zudem hat die Alpenpopulation des Birkenzeisigs eine helle Unterseite mit gestreiften Flanken und gestreiftem Rücken.

B
89 ♀

B
A
89 ♂

A
B
C
90 ♂

90 ♀

Goldammer *(Emberiza citrinella)* 91

A *Männchen mit auffälliger Gelbfärbung*
B *Rotbrauner Bürzel*
C *Weiße Schwanzkanten*

Merkmale: 16–16,5 cm. Bräunlicher Rücken mit dunkler Streifung, gestreifte Flanken; Männchen im Prachtkleid mit rotbraunem Brustband, Weibchen viel matter gelb gefärbt. Häufiger »zürrrl«-Ruf, Gesang einfach strukturiert mit gleichlautenden Elementen mit typischen lang gezogenen Endtönen »zizizizizi-zii-düh«.
Lebensweise: Ernährt sich überwiegend von Pflanzensamen, ergänzt durch kleine Insekten und Spinnentiere. Nahrung wird vom Boden aufgenommen. Nest am Boden oder niedrig in Büschen. Ganzjährig; Kurzstrecken- und Teilzieher; räumt im Winter die höheren Lagen, dann gerne in größeren Gruppen auf Feldern und Ruderalflächen auch mit anderen Arten vergesellschaftet.
Lebensraum: Besiedelt vorwiegend offene und halboffene Landschaften mit Baum-/Strauchvegetation; in den Alpen gerne auf Weiden mit Lärchenbewuchs.
Verbreitung: Im gesamten Alpenraum verbreitet, dort häufig; bis 2000 m. Gesamtverbreitung: boreale und gemäßigte Zonen von Europa bis Mittelsibirien.
Ähnliche Arten: In den Alpen am ehesten mit der Zippammer *(Emberiza cia)* zu verwechseln, die aber keine Gelbfärbung aufweist. Der ähnliche Girlitz *(Serinus serinus)* kann in den Alpen bis auf 2000 m Höhe angetroffen werden. Dieser Finkenvogel ist aber deutlich kleiner, hat einen gelben Bürzel und einen charakteristischen hohen, klaren Gesang, der aus schnell hintereinander gereihten Trillern besteht und oft im Flug oder von einer hohen Warte vorgetragen wird.

Zippammer *(Emberiza cia)* 92

A *Kopf und Brust grau*
B *Kontrastreiche Kopfzeichnung mit schwarzem Scheitel-, Zügel- und Wangenstreif*
C *Unterseite und Bürzel rotbraun*

Merkmale: 15–16,5 cm. Rotbrauner Rücken mit kräftigen Streifen; Weibchen ähnlich gefärbt wie Männchen, aber etwas matter mit kontrastärmerer Kopfzeichnung und leicht gestrichelter Brust. Harte »zi«-Rufe.
Lebensweise: Ernährt sich überwiegend von Pflanzensamen, ergänzt durch kleine Insekten und Spinnentiere. Nest niedrig über dem Boden und in Felsnischen. Teilzieher und Standvogel, im Winter aber kaum über 1200 m anzutreffen.
Lebensraum: Südexponierte, trockene Hänge mit lichter Baum-/Strauchvegetation und Felsen.
Verbreitung: In den Zentral- und Südalpen weit verbreitet, dort nicht selten; fehlt weitgehend in den nordöstlichen Bereichen; bis über 2000 m. Gesamtverbreitung: von Nordafrika und Südeuropa bis zum zentralasiatischen Hochgebirge.
Ähnliche Arten: Das Weibchen kann evtl. mit dem Weibchen des Goldammers *(Emberiza citrinella)* verwechselt werden, die rotbraune Färbung sollte aber eine Verwechslung ausschließen.
Auch der Ortolan *(Emberiza hortulana)* **92a** hat eine rotbraune Unterseite, aber der rötliche Schnabel, der gelbe Augenring und die gelbe Kehle mit gelbem Bartstreif machen eine Unterscheidung einfach; die Weibchen sind etwas matter gefärbt als die Männchen, ihre Brust ist gestrichelt. Der Langstreckenzieher (IV–IX) bewohnt trockene, meist südexponierte Hänge mit Baum-/Strauchbewuchs bis ca. 2000 m. In den Alpen ist seine Verbreitung nur unregelmäßig und weitgehend auf die West- und Südalpen beschränkt.

91 ♀

A
B
91 ♂

B
A
C
92

92a ♂

Reptilien

Reptilien (Kriechtiere) sind wie Amphibien (Lurche) wechselwarme Tiere. Ihre Körpertemperatur ist weitgehend von der Umgebungstemperatur abhängig. Zu ihnen zählen unter anderem die Schuppenkriechtiere, die in den Alpen durch die Schlangen (Bild links: Ringelnatter; Bild rechts oben: Kreuzotter) und die Echsen (Bild rechts unten: Zauneidechse) vertreten sind. Reptilien kommen weltweit mit über 8000 Arten vor. Ihr Hauptverbreitungsgebiet sind die Tropen; in unseren Breiten gibt es vergleichsweise wenige Arten.

Reptilien sind Lungenatmer. Ihre Haut ist durchwegs mit Schuppen und Schilden bedeckt. Dieser Schuppenpanzer schützt vor Austrocknung. Die Füße und Zehen der Kriechtiere weisen, soweit Extremitäten vorhanden sind (also nicht bei Schlangen und Blindschleichen), Krallen auf.

Da Reptilien wechselwarme Tiere sind, bevorzugen sie warme, sonnige Lebensräume. Für alle Reptilienarten sind ungestörte Sonnenplätze (vegetationslose Stellen am Boden, Steine, trockenes Holz etc.) unverzichtbar. Vor zu hohen Temperaturen weichen sie allerdings auch in den Schatten oder in geeignete Verstecke aus. Die kalte Jahreszeit verbringen sie im Wurzelbereich von Bäumen, in Hohlräumen, Erdlöchern und Kleinsäugerbauten oder unter Steinen, wobei die lebensnotwendigen Funktionen auf ein Minimum reduziert werden.

Reptilien sind vollständig an das Landleben angepasst. Ihre Embryonalentwicklung vollzieht sich nicht mehr, wie bei den Amphibien, über ein Larvenstadium im Wasser, sondern findet in dotterreichen Eiern statt. Die meisten Reptilienarten legen die Eier an Land ab, wo sie von der Sonne »erbrütet« werden. Doch viele Vertreter der alpinen Reptilienfauna sind ovovivipar, d.h. die gesamte Embryonalentwicklung findet im Mutterleib statt und die Jungtiere schlüpfen während des Geburtsvorganges aus der hautartigen Eihülle.

Die drüsenarme, starre Reptilienhaut kann sich dem Wachstum der Tiere nicht anpassen, weshalb sich die Reptilien regelmäßig häuten. Dies geschieht bei Eidechsen in mehr oder wenig großen Hautfetzen und -streifen, bei Schlangen hingegen in einem Stück. Gelegentlich findet man solche »Natternhemden« in der bodennahen Vegetation. Eidechsen und auch Blindschleichen haben die Fähigkeit, bei Gefahr den Schwanz abzuwerfen. Während der Verfolger noch durch den zuckenden Schwanzstummel abgelenkt wird, gelingt dem Tier dann oft die Flucht. Der verlorene Schwanz kann nachgebildet werden, meist aber nur noch unvollständig.

Durch die Intensivierung der Landwirtschaft und die weitgehende Zerstörung ihrer Lebensräume sind sämtliche Reptilienarten in den Alpen gefährdet.

Blindschleiche *(Anguis fragilis)* 1

A *Beinlose Echse mit schlangenförmigem Körper*
B *Glänzender Körper*
C *Bewegliche Augenlider*

Merkmale: Bis 45 cm. Vor allem Männchen einfarbig beige-braun, oft mit kupferfarbenem Schimmer, Flanken gelegentlich mit Flecken; Weibchen meist mit dunklen Körperseiten und Mittelstreifen am Rücken; Unterseite dunkel bis bläulich-grau.
Lebensweise: Die Blindschleiche ernährt sich überwiegend von Nacktschnecken und Würmern. Sie kann wie jede Eidechse ihren Schwanz abwerfen; dieser bildet sich neu, jedoch nicht mehr in voller Größe. Aufgrund von in der Unterhaut befindlichen Knochenplatten bewegen sich Blindschleichen im Gegensatz zu Schlangen in weiten Windungen fort. Lebend gebärend (August/September); nach einer Tragzeit von 11–14 Wochen schlüpfen ca. 8–20 voll entwickelte Jungtiere (ca. 8 cm groß) während des Geburtsvorgangs aus einer transparenten Eihülle. Blindschleichen haben eine hohe Lebenserwartung von bis zu 30 Jahren. Winterruhe je nach Höhenlage von Oktober bis Mai. Großes Spektrum an Fressfeinden.
Lebensraum: Feuchte Gebiete mit ausreichender Gras- und Krautvegetation, gerne entlang von Wegrändern und Waldlichtungen; bis über 2000 m.
Verbreitung: Im gesamten Alpenraum verbreitet. Gesamtverbreitung: große Teile Europas und kleine Bereiche Vorderasiens.
Ähnliche Arten: Aufgrund des schlangenartigen Aussehens kann die Blindschleiche mit Schlangen verwechselt werden, die Fortbewegung der Blindschleiche ist jedoch wesentlich steifer.

Zauneidechse *(Lacerta agilis)* 2

A *Adulte Männchen im Frühjahr mit grüner Körperseite und Kehle*
B *Relativ großer Kopf mit stumpfer Schnauze*
C *Helle Punkte am Körper, die breit dunkel eingefasst sind*

Merkmale: Bis 25 cm. Kräftiger, relativ plumper Körperbau. Färbung je nach Geschlecht, Jahreszeit und Alter sehr variabel; Grundfärbung braun, oft mit hellen Längsstrichen am Rücken und auf der Seite.
Lebensweise: Ernährt sich überwiegend von Insekten, aber auch von Spinnen und Würmern. Kann wie jede Eidechse ihren Schwanz abwerfen; dieser bildet sich neu, jedoch nicht mehr in voller Größe. Eier legend; 5–15 Eier werden ein- bis zweimal im Jahr (Mai bis Juli) im Erdboden abgelegt; die Jungtiere schlüpfen nach ca. 7–10 Wochen. Winterruhe je nach Höhenlage von Oktober bis April. Großes Spektrum an Fressfeinden.
Lebensraum: Bevorzugt trocken-warme Lebensräume mit einem Wechsel aus offenen Stellen und dicht bewachsenen Bereichen, wie z.B. sonnige Böschungen, Waldränder und Felsfluren, bis ca. 1500 m.
Verbreitung: Im gesamten Alpenraum verbreitet, im Süden höher aufsteigend; Gesamtverbreitung: von Zentralfrankreich und Südschweden über Mittel- und Osteuropa bis nach Vorderasien.
Ähnliche Arten: Die Westliche Smaragdeidechse *(Lacerta bilineata)* ist deutlich größer und hat eine grüne Körperfärbung; das Männchen hat zur Paarungszeit eine blaue Kehle.
Die Bergeidechse *(Zootoca vivipara)* ist kleiner und die zahlreichen hellen Flecken sind nicht breit dunkel eingefasst; zudem kommt die Bergeidechse in den Alpen viel höher (über 2500 m) vor und ist nicht auf trocken-warme Gebiete angewiesen.

1

C
B
A
2 ♂

C
2 ♀

Bergeidechse *(Zootoca vivipara)* 3

A *Kleine, braun gefärbte Eidechse*
B *Dunkler Rückenstreifen*
C *Am weitesten nördlich verbreitete Reptilienart*

Merkmale: Bis 18 cm, meist kleiner, Weibchen etwas größer als Männchen. Grundfarbe der Oberseite braun, es gibt allerdings Varianten von gelblichen bis zu schwärzlichen Individuen; oft breites dunkelbraunes Band an den Seiten, das hell gesäumt ist; der dunkle Rückenstreifen kann zu einzelnen Flecken aufgelöst sein. Unterseite hell, beim Männchen gelb bis orange mit zahlreichen schwarzen Punkten.
Lebensweise: Ernährt sich hauptsächlich von Insekten. Lebend gebärend; ca. 3–11 voll entwickelte Jungtiere (ca. 4 cm groß) schlüpfen nach einer Tragzeit von ca. 3 Monaten während des Geburtsvorgangs aus einer transparenten Eihülle (Juli/August); im Süden des Verbreitungsgebiets existieren Populationen, die Eier legen. Winterruhe je nach Höhenlage von September bis März. Großes Spektrum an Fressfeinden (Vögel, Säuger, Schlangen).
Lebensraum: Die vielen verschiedenen deutschen Namen (Berg-, Moor-, Waldeidechse) deuten auf das breite Spektrum der Lebensräume hin: alle Biotope von feuchten Hochmoorrändern über Wälder bis zu trockenen Dünenbereichen und Küsten. In der Alpenregion werden feuchte Bereiche bevorzugt. Bis über 2500 m.
Verbreitung: Mittel- und Nordeuropa bis Ostsibirien.
Ähnliche Arten: Die Bergeidechse ist im Gebiet am ehesten mit der Mauereidechse *(Podarcis muralis)* zu verwechseln. Die Mauereidechse hat aber einen längeren Kopf und längere Hinterbeine; zudem ist das Halsband an der Unterseite des Kopfes gezackt, während es bei der Bergeidechse gerade ist.
Die Weibchen der Zauneidechse *(Lacerta agilis)* haben einen größeren Kopf, längere Beine und Krallen und auf der Rückenseite eine Reihe schmaler Schuppen.

Westliche Smaragdeidechse *(Lacerta bilineata)* 4

A *Größte mitteleuropäische Eidechse*
B *Auffällige Grünfärbung*
C *Männchen zur Paarungszeit mit intensiv blau gefärbter Kehle*

Merkmale: Bis 40 cm, Schwanz ca. zwei Drittel der Gesamtlänge. Alttiere meist mit leuchtend grünem Rücken und einer feinen, gleichmäßigen schwarzen Punktierung; Jungtiere und einige Weibchen brauner gefärbt mit 2 bis 4 Längslinien; Unterseite weißlich-beige, kann auch gelblich sein.
Lebensweise: Ernährt sich hauptsächlich von Insekten, vor allem von Käfern, aber auch von jungen Reptilien und Vogeleiern; auch Früchte werden nicht verschmäht. Scheu, verschwindet bei Störung geräuschvoll in Spalten etc. Zur Paarungszeit auffällige ritualisierte Kämpfe der Männchen. Eier legend; legt im Mai/Juni ca. 5–20 Eier, aus denen im Spätsommer und Herbst die Jungen schlüpfen. Winterruhe je nach Höhenlage von September bis März; großes Spektrum an Fressfeinden (Vögel, Säuger, Schlangen).
Lebensraum: Wärme liebend, besiedelt gerne südexponierte Hanglagen; verbuschte Hänge, Halbtrockenrasen, Waldlichtungen, Böschungen, Weinberge; obwohl keine eigentliche Gebirgsart, wurde sie in der Schweiz schon in 2000 m Höhe beobachtet.
Verbreitung: Nordspanien, Frankreich, Südschweiz, Italien; einige isolierte Populationen in Westdeutschland; am Nordrand des Verbreitungsgebiets vom Aussterben bedroht, sonst verbreitet und nicht selten.
Ähnliche Arten: Aufgrund der Größe im Gebiet unverwechselbar. Die Östliche Smaragdeidechse *(Lacerta viridis)*, die

B
4 ♀

C
4 ♂

lange Zeit mit der Westlichen Smaragdeidechse als eine Art galt, ist äußerlich nicht unterscheidbar; das Verbreitungsgebiet erstreckt sich von der Balkanhalbinsel bis nach Kleinasien, auch in Deutschland gibt es einige isolierte Vorkommen.

Mauereidechse *(Podarcis muralis)* 5

A *Sehr variable Zeichnung und Färbung*
B *Kann an senkrechten Mauern klettern*
C *Langer Schwanz*

Merkmale: Max. 25 cm, meist etwas kleiner. Färbung variabel von Braun- bis zu Grüntönen. Im behandelten Gebiet meist grau-braune Grundfärbung; Rücken häufig mit schwarzem Mittelstreifen; Flanken oft mit dunkelbraunem Längsband, das von schmalen hellen Streifen abgegrenzt ist; mitunter ist der untere Bereich der Körperseiten blau gefleckt; Unterseite weißlich, gelblich oder orange. Schnauze relativ spitz. Aufgrund der großen Variationsbreite der Färbung teilweise schwer bestimmbar.
Lebensweise: Ernährt sich hauptsächlich von Insekten, Spinnen, Würmern etc.; auch vor arteigenen Jungtieren wird kein Halt gemacht. Paarung zwischen April und Juni. Eier legend; 2–11 Eier werden zwischen April und August meist in selbst gegrabene Erdgänge in 10–20 cm Tiefe abgelegt; die Jungtiere (ca. 6 cm groß) schlüpfen nach ca. 2–3 Monaten. Winterruhe je nach Höhenlage von November bis Februar; großes Spektrum an Fressfeinden (Vögel, Säuger, Schlangen).
Lebensraum: Wärme liebend; südexponierte steinige Trockenrasen, Weinberge mit Trockensteinmauern, Felsfluren, Steinbrüche, Gebäude, Böschungen, Bahnanlagen etc.; selten über 1800 m. Im südlichen Verbreitungsgebiet werden auch schattige und kühlere Lebensräume besiedelt. Sowohl der deutsche Name als auch die Artbezeichnung *muralis* (= an oder in Mauern lebend) ist treffend gewählt.
Verbreitung: Südeuropa, fehlt aber in weiten Teilen der Iberischen Halbinsel, in Deutschland einige Populationen in klimatisch begünstigten Gebieten.
Ähnliche Arten: Die Bergeidechse *(Zootoca vivipara)* hat einen kürzeren Schwanz, eine breitere Schnauze und ein gezähntes Halsband.

Ringelnatter *(Natrix natrix)* 6

A *Zwei halbmondförmige, gelbliche, schwarz eingefasste Seitenflecke am Hinterkopf*
B *Runde Pupillen*
C *Schlank mit langem Schwanz*

Merkmale: Bis zu 140 cm, Weibchen wesentlich größer als Männchen. Färbung variabel, meist aber graublau; Unterseite hell mit dunklen Flecken; Kopf deutlich vom Körper abgesetzt.
Lebensweise: Hauptnahrung sind Frösche; Jungtiere erbeuten Kaulquappen, kleine Fische, Würmer und Molchlarven. Kann hervorragend schwimmen und tauchen. Bei Bedrohung kann aus der Analdrüse eine übel riechende Flüssigkeit ausgeschieden werden. Totstell-Reflex zur Rettung: Die Schlange legt sich halb auf den Rücken, verdreht die Augen und lässt aus dem leicht geöffneten Mund die Zunge heraushängen. Eier legend; im Juli/August werden ca. 10–50 Eier (je nach Größe des Weibchens) in organisches Material, das durch Verrottung Wärme abgibt (z.B. Komposthaufen, vermodernde Baumstümpfe, Binsen- und Schilfansammlungen), gelegt. Die Jungtiere (ca. 18 cm groß) schlüpfen bei guten Bedingungen bereits nach einem Monat; bei ungünstigen Bedingungen kann es bis zum Schlüpfen auch zehn Wochen dauern. Winterruhe je nach Höhen-

C
5 ♂

A
B
6

lage von September bis März. Ungiftig. Großes Spektrum an Fressfeinden.
Lebensraum: Feuchtbiotope, langsam fließende oder stehende Gewässer mit gut ausgebildeter Ufervegetation. Im Gebirge bis über 2000 m.
Verbreitung: In fast ganz Europa verbreitet mit Ausnahme des äußersten Nordens, Irlands und einiger Mittelmeerinseln; Nordwest-Afrika und Vorderasien bis zum Baikalsee.
Ähnliche Arten: Schwarze Individuen der Kreuzotter *(Vipera berus)* weisen keine Seitenflecken am Hinterkopf auf, zudem ist die Kreuzotter viel kürzer und von gedrungener Gestalt.

Schlingnatter *(Coronella austriaca)* 7

A *Runde Pupillen*
B *Dunkler Nackenfleck*
C *Dunkler Wangenstreif*

Merkmale: Bis 80 cm. Färbung variabel, meist grau-braun; auf der Oberseite eine oder mehrere Fleckenreihen; nach hinten geöffneter, kronenartiger Nackenfleck (lat. *coronella* = Krönchen); dunkler Wangenstreif vom Nasenloch über das Auge bis zum Hals. Schuppen ungekielt (daher oft auch als Glattnatter bezeichnet). Relativ kleine und langsame Schlange, die schwer zu entdecken ist.
Lebensweise: Ernährt sich überwiegend von Eidechsen und Blindschleichen, die umschlungen und erstickt werden (daher die Bezeichnung Schlingnatter); in einigen Regionen werden auch Kleinsäuger und Insekten erbeutet. Lebend gebärend; meist 4–8 voll entwickelte Jungtiere (12–25 cm groß) schlüpfen im August/September nach einer Tragzeit von ca. 4–5 Monaten während des Geburtsvorgangs aus einer transparenten Eihülle. Lebt eher unauffällig und versteckt. Kann gut klettern. Winterruhe je nach Höhenlage mit Einsetzen der ersten Fröste im Oktober bis April/Mai. Ungiftig. Großes Spektrum an Fressfeinden.
Lebensraum: Wärme liebend; sonnige, trockene Biotope, Waldlichtungen, Weinberge, Fels- und Schuttfluren, bewachsene Hänge etc. Bis ca. 2000 m.
Verbreitung: Fehlt in Europa nur in weiten Teilen der Iberischen Halbinsel, in Großbritannien und Irland sowie in Mittel- und Nordskandinavien; östlich bis zum Kaukasus und Ural.
Ähnliche Arten: Von der Kreuzotter *(Vipera berus)* u.a. durch die runden Pupillen, einen spitz auslaufenden Schwanz und die ungekielten Körperschuppen zu unterscheiden.

Gelbgrüne Zornnatter *(Hierophis viridiflavus)* 8

A *Runde Pupillen*
B *Hinterer Rumpf und Schwanz oft mit kräftiger Längsstrichelung*
C *Körper mit gelbgrüner Netz- oder Querbänderung*

Merkmale: Bis 160 cm, Weibchen etwas kleiner. Lang und schlank mit großen Augen; Kopf für eine Natter relativ deutlich vom Rumpf abgesetzt. Dunkel gefärbte Oberseite mit gelber oder grünlicher Fleckung im vorderen Drittel, die netzartig sein kann oder zu Querbändern verschmolzen ist; schwarze Individuen kommen vor; Unterseite gelblich bis gräulich.
Lebensweise: Ernährt sich überwiegend von Mäusen, die sie aufgrund ihrer Schnelligkeit auch jagen kann, außerdem von Vögeln und Reptilien. Bei Störung flieht sie pfeilschnell in die Deckung, bei Bedrohung beißt sie wild um sich. Eier legend; 5–15 Eier werden im Juni/Juli unter Steinen und Totholz abgelegt; die Jungtiere (ca. 20 cm groß) schlüpfen nach 6–8

B
A
7

C
A
B
8

Wochen. Obwohl vorzugsweise bodenbewohnend, kann sie auch gut im Gestrüpp klettern. Winterruhe je nach Höhenlage von Oktober bis April. Ungiftig. Zahlreiche Fressfeinde.

Lebensraum: Sonnige, trocken-warme Biotope mit Gebüschen, Gebiete mit Macchia-ähnlichem Bewuchs, Hochstaudenfluren, vegetationsreiche Hänge, lichte Wälder, Gärten, Ruinen. Bis ca. 1800 m.

Verbreitung: Nordspanien, Mittel- und Südfrankreich, Italien, Elba, Sardinien, Korsika; im Süden bis Malta und Gozo, im Osten bis Südwestslowenien und Nordkroatien.

Ähnliche Arten: Im behandelten Gebiet können dunkle Individuen höchstens mit der Ringelnatter *(Natrix natrix)* verwechselt werden; die gelben Nackenflecken der Ringelnatter sind aber ein gutes Unterscheidungsmerkmal.

Äskulapnatter *(Zamenis longissimus)* 9

A *Runde Pupillen*
B *Feine weiße Striche an Flanken- und Rückenschuppen*
C *Größte Schlange Mitteleuropas*

Merkmale: Bis 180 cm, ausnahmsweise bis über 200 cm, Weibchen etwas kleiner. Schlanker Körper. Grundfärbung der glatten und glänzenden Oberseite bräunlich ohne auffallende Zeichnung; durch die weißen Striche an den Schuppen entsteht ein charakteristisches feines Muster; Mundregion und Nacken meist gelblich; Unterseite gelblich-weiß bis gelb.

Lebensweise: Ernährt sich hauptsächlich von Eidechsen und Kleinsäugern; kann aber auch sehr gut klettern und erbeutet dabei auch Eier und Jungvögel; größere Beute wird zunächst umschlungen und erdrosselt. Eier legend; im Juni/Juli werden bis zu 15 Eier an feuchtwarmen Stellen (z.B. in faulenden Laubhaufen oder vermodernden Baumstümpfen) abgelegt; die Jungtiere (ca. 27 cm groß) schlüpfen nach ca. 2 Monaten. Äskulapnattern haben eine hohe Lebenserwartung von bis zu 20 Jahren, die aber aufgrund der vielfältigen Gefahren in freier Natur kaum erreicht wird. Winterruhe je nach Höhenlage von September bis April. Ungiftig. Großes Spektrum an Fressfeinden.

Lebensraum: Lichte Laubwälder, Auwälder, verbuschte Hänge; auch in der Umgebung von Menschen (Gärten, Ruinen etc.). Bis ca. 1600 m.

Verbreitung: Südliches Mitteleuropa und Südeuropa (mit Ausnahme fast der gesamten Iberischen Halbinsel) bis Kleinasien; in Deutschland ein paar isolierte Vorkommen in klimatisch begünstigten Gebieten.

Ähnliche Arten: Jungtiere können mit der Ringelnatter *(Natrix natrix)* verwechselt werden, da sie auch gelbliche Nackenflecken haben. Die weißen Striche an den Schuppen und ein auffälliges Längsband hinter dem Auge sind bei genauem Hinsehen aber eindeutige Merkmale.

Aspisviper *(Vipera aspis)* 10

A *Senkrechte Pupillen*
B *Aufgewölbte Schnauzenregion*
C *Oberseite meist bräunlich mit zwei Reihen dunkler Flecken, die versetzt angeordnet sind*

Merkmale: Bis 85 cm. Kopf sehr deutlich vom Rumpf abgesetzt. Grundfärbung und Körperzeichnung sehr variabel; die Rückenzeichnung kann zu einer Wellenlinie oder einem Zickzackband verschmolzen sein oder auch aus runden und länglichen Flecken bestehen; in den Voralpen und in den Hochlagen der Gebirge oft schwarze Individuen. Weibchen meist gedrungener und kräftiger gebaut und mit kürzerem Schwanz als Männchen. Männchen meist kontrastreicher gefärbt als Weibchen.

B
A
9

C
A
B
10

Lebensweise: Ernährt sich überwiegend von Mäusen, aber auch von Jungvögeln und Eidechsen, Jungschlangen erbeuten kleine Reptilien und Amphibien. Die Beute wird durch einen Giftbiss getötet. Lebend gebärend; 4–13 voll entwickelte Jungtiere (ca. 17–18 cm groß) schlüpfen im August/September während des Geburtsvorgangs aus einer transparenten Eihülle. Winterruhe je nach Höhenlage von Oktober bis Mai, die Männchen erscheinen ca. 2 Wochen vor den Weibchen. Stark giftig; Biss kann für den Menschen fatale Folgen haben, er erfordert umgehend medizinische Behandlung. Zahlreiche Fressfeinde.
Lebensraum: Sonnige Biotope werden bevorzugt, z.B. südexponierte vegetationsreiche Berghänge, sonnige Flusstäler, lichte Wälder oder offene, mit Gebüsch und Felsen durchsetzte Landschaften. Bis 3000 m.
Verbreitung: Nordostspanien, Mittel- und Südfrankreich, Schweiz, Italien; in Deutschland existiert eine isolierte Population in Baden-Württemberg.
Ähnliche Arten: Die Kreuzotter *(Vipera berus)* hat keine aufgewölbte Schnauzenregion und der Kopf ist nicht so deutlich vom Körper abgesetzt. In den Südostalpen (Kärnten, Südsteiermark, Slowenien, Norditalien) trifft man zuweilen auf die Hornviper *(Vipera ammodytes)* **10a**; durch eine auffällige Hornbildung auf der Schnauzenspitze ist sie eindeutig gekennzeichnet. Normalerweise im Flachland beheimatet kann sie in geeigneten Hochgebirgsbiotopen Höhen bis 2000 m erreichen.

Kreuzotter *(Vipera berus)* 11

A *Senkrechte Pupillen*
B *Schwarzes Zickzackband am Rücken*
C *Am Hinterkopf oft dunkle Zeichnung in Form eines umgekehrten V oder X*

Merkmale: Bis 85 cm, Weibchen etwas größer als Männchen. Kurzer, abgesetzter Schwanz. Oberseite bei Weibchen bräunlich, bei Männchen eher gräulich; in Moorgebieten und in den Hochlagen der Gebirge oft schwarze Individuen (»Höllenotter«) **11a**; auch kupferrote bis silbergraue kommen vor; Unterseite variabel.
Lebensweise: Ernährt sich überwiegend von Mäusen, aber auch von Jungvögeln und Eidechsen; Jungschlangen erbeuten kleine Reptilien und Amphibien. Den Opfern wird durch Biss das Gift injiziert, dann wird die Verfolgung des geschwächten und schließlich sterbenden Tieres aufgenommen. Lebend gebärend; bis 20, im Gebirge meist 6–11 voll entwickelte Jungtiere (ca. 17–18 cm groß) schlüpfen von August bis Oktober während des Geburtsvorgangs aus einer transparenten Eihülle; Weibchen können sich in höheren Alpenregionen nur alle drei Jahre fortpflanzen. Winterruhe je nach Höhenlage von Oktober bis April, die Männchen erscheinen ca. 2 Wochen vor den Weibchen. Giftig; nach einem Biss sollte ein Arzt aufgesucht werden, auch wenn kaum Todesfälle bekannt sind. Zahlreiche Fressfeinde; ein bedeutender Fressfeind der Kreuzotter ist regional das Wildschwein, das die Schlangen auch aus ihren Winterquartieren ausgräbt.
Lebensraum: Breites Spektrum an Lebensräumen, vorteilhaft sind hohe Luftfeuchtigkeit, zahlreiche Verstecke und eine starke Tag-Nacht-Temperaturschwankung; Moore, vegetationsreiche Bergwiesen, Geröllhänge, Zwergstrauchheiden, Heide- und Ödlandflächen, Kahlschläge in Fichtenkulturen. Bis max. 3000 m, meist bis ca. 2300 m.
Verbreitung: Fast ganz Mittel- und Nordeuropa, sogar nördlich des Polarkreises; östlich bis Nordkorea.
Ähnliche Arten: Die Aspisviper *(Vipera aspis)* hat eine aufgewölbte Schnauzenregion und einen deutlich vom Körper abgesetzten, dreieckig wirkenden Kopf. Die in den Alpen nur lokal im Südwesten vorkommende Wiesenotter *(Vipera ursinii)* ist meist kleiner (30–50 cm) und das Zickzackband am Rücken ist meist deutlich schwarz umrandet; zudem sind die Flanken dunkler als der Rücken.

10a

A
B
11

11a

Amphibien

Amphibien (Lurche) sind wie Reptilien (Kriechtiere) wechselwarme Tiere. Ihre Körpertemperatur und Aktivität ist weitgehend von der Umgebungstemperatur abhängig. Ihre bevorzugten Temperaturen liegen jedoch deutlich niedriger als bei den Reptilien. Sinkt die Temperatur aber unter ein bestimmtes Minimum, reduzieren Amphibien die Lebensfunktionen und beginnen schließlich mit der Winterruhe. Nur dieser Fähigkeit verdanken sie es, dass sie klimatisch ungünstige Lebensräume, wie beispielsweise die Alpen, besiedeln konnten.

Die Systematik der Amphibien ist zur Zeit großen Veränderungen unterworfen und so schwankt die Zahl der Arten je nach Autor sehr stark. Man geht aber auf jeden Fall weltweit von über 7000 Arten aus, mit einem Verbreitungsschwerpunkt in den tropischen und subtropischen Zonen. Europa ist unter anderem wegen der verschiedenen Eiszeiten vergleichsweise artenarm und beherbergt nur rund 90 Arten. In den Alpen sind die Amphibien je nach Sichtweise mit nicht einmal 10 Arten vertreten, und zwar durch die Ordnung der Schwanzlurche (Bild links: Bergmolch) und der Froschlurche (Bild rechts oben: Auge einer Erdkröte, Bild rechts unten: Grasfrösche).

Wie der Name schon andeutet (griech. *amphi* = beidseitig, *bios* = Leben), führen die Lurche ein »Doppelleben«, das sowohl im Wasser als auch auf dem Land stattfindet. Die Haut der Alttiere benötigt ständig Feuchtigkeit, weshalb man Amphibien meist nur im Wasser vorfindet. In der Morgen- und Abenddämmerung bzw. nachts, wenn die Luftfeuchtigkeit höher ist, oder bei schlechtem Wetter sieht man sie auch an Land. Ihrer nackten, drüsenreichen und glatten bis warzigen Haut kommt neben der allgemeinen Schutzfunktion auch eine große Bedeutung bei der Atmung und Regulierung des Wasserhaushalts zu. Giftige Drüsensekrete schützen vor bakteriellen und Pilzinfektionen und sind hochwirksame Gifte zur Feindabwehr.

Zur Fortpflanzung sind die Lurche, außer dem Alpensalamander, vom Wasser abhängig. Sowohl die Eiablage als auch die Larvalentwicklung erfolgt bei fast allen Arten im Wasser. Die Befruchtung findet vorwiegend erst außerhalb des Mutterleibes statt; die meisten Schwanzlurche praktizieren allerdings eine indirekte innere Besamung und Befruchtung. Bei der Metamorphose der im Wasser lebenden Larven werden die Kiemen rückgebildet und die Atmung wird zur Lunge und zur Hautoberfläche hin verlagert. Extremitäten entwickeln sich und bei den Larven der Froschlurche bildet sich der Ruderschwanz zurück.

Die Molche bilden nach dem Ende der Laichzeit, wenn sie die Gewässer langsam verlassen, eine unscheinbare Landtracht aus.

Grasfrosch *(Rana temporaria)* 1

A *Braunfrosch, der stark in Färbung und Zeichnung variiert*
B *Wirkt groß und plump*
C *Schnauze relativ stumpf*

Merkmale: Bis 10 cm. Grundfärbung braun mit mehr oder weniger dunklen Flecken, oft dunkelbrauner Schläfenfleck (sehr variabel). Auge größer als deutlich sichtbares Trommelfell. Unterseite meist weißlich bis grau mit dunkler Marmorierung. Besitzt innere Schallblasen, sodass die brummenden und knurrenden Paarungsrufe nur aus nächster Nähe wahrnehmbar sind.
Lebensweise: Die Nahrung besteht aus Käfern, Schnecken, Würmern, Spinnentieren etc. Je nach Höhenlage beginnt die Paarungszeit bereits Ende Februar/Anfang März. Die Eier **1a**, bis zu 4000 pro Frosch, werden in sogenannten Laichballen meist im seichten Gewässer abgelegt; es können sich dabei Laichgemeinschaften von über 1000 Tieren bilden. Die Eier sind kälteresistent und überstehen kurzfristiges Einfrieren. Überwinterung sowohl im Wasser als auch an Land. Außerhalb der Paarungszeit überwiegend nachtaktiv. Viele Fressfeinde; die Kaulquappen werden von räuberischen Wasserinsekten erbeutet, die Jung- und Altfrösche werden von einer Vielzahl an Säugern und Vögeln sowie von Ringelnattern gefressen.
Lebensraum: Bevorzugt kühle und schattige Bereiche. Wiesen und grasige Böschungen entlang von Gräben, Laub- und Bruchwälder, Gärten und Parks. Als Laichgewässer dienen zahlreiche stehende und langsam fließende Gewässer unterschiedlicher Größe, die Sommerquartiere liegen meist in unmittelbarer Nähe (meist unter 1 km) zu den Laichgewässern.
Verbreitung: In den Alpen bis ca. 2800 m. In Europa mit Ausnahme des Südens weit verbreitet, im Norden bis zum Nordkap, im Osten bis zum Ural.
Ähnliche Arten: Der sehr ähnliche Springfrosch *(Rana dalmatina)* hat längere Beine, eine spitzere Schnauze und ein größeres Trommelfell (fast Augendurchmesser) als der Grasfrosch.
Der in den Alpen kaum verbreitete Moorfrosch *(Rana arvalis)* hat oft einen hellen Rückenstreifen und eine spitze Schnauze.

Erdkröte *(Bufo bufo)* 2

A *Warzige Oberfläche*
B *Goldene Augen mit waagrechter Pupille*
C *Auffällige Ohrdrüsen*

Merkmale: Bis 11 cm, größte europäische Kröte, Weibchen größer als Männchen. Färbung sehr variabel, Grundfärbung meist braun. Plump und kräftig gebaut. Fortbewegung meist langsam gehend. Nach heutiger Auffassung ist die Erdkröte keine Art im herkömmlichen Sinn, sondern ein Komplex mit mehreren systematischen Einheiten (Taxa, Einzahl: Taxon), deren genaue Stellung und Abgrenzung in der Systematik derzeit unklar ist.
Lebensweise: Ernährt sich überwiegend von Wirbellosen, wie Würmern, Schnecken und Spinnen. Je nach Höhenlage beginnt die Paarungszeit bereits ab März. Die Eier werden in sogenannten Laichschnüren an Wasserpflanzen geheftet, die Schnüre sind paarig und bis zu 5 m lang. Die Kaulquappen schlüpfen nach zwei bis drei Wochen und bilden große Schwärme. Stark ausgeprägte Geburtsorttreue, d.h. Erdkröten kehren zum Laichen fast immer an die Gewässer zurück, in denen sie aufgewachsen sind. Sogenannte Explosivlaicher, d.h. innerhalb kurzer Zeit wandern sie in auffälligen Massen zu ihren Laichgewässern. Bald nach dem Ablaichen verlassen sie die Gewässer und

C
1

1

1a

leben an Land, dort überwintern sie auch in frostsicheren Verstecken. Bei Gefahr Abwehrhaltung 2a, wobei das Körpervolumen vergrößert und das Hinterteil aufgestellt wird. Viele Fressfeinde unter den Vögeln und Säugetieren, wie z.B. Mäusebussard, Graureiher, Iltis. Ein gefährlicher Parasit ist die Krötenschmeißfliege, die ihre Eier auf der Oberfläche der Erdkröte (meist in der hinteren Kopfregion oder auf dem Rücken) ablegt; die Larven kriechen in die Nasenlöcher und fressen das innere Gewebe, insbesondere im Kopfbereich, bis die Tiere sterben und sich die Maden verpuppen.
Lebensraum: Besiedelt unterschiedlichste Lebensräume wie Wälder und offene Landschaften. Als Laichgewässer dienen zahlreiche stehende Gewässer verschiedener Größe. Unternimmt relativ weite Wanderungen (bis zu 3 km) zwischen Laichgewässer und Sommer-/Winterquartier.
Verbreitung: In den Alpen teilweise über 2000 m. Das Taxon »*bufo*« ist in Nord- und Mitteleuropa verbreitet, die übrigen Taxa im restlichen Europa sowie in Nordwestafrika, im Nahen Osten und westlichen Asien.
Ähnliche Arten: Die in den Alpen nicht vorkommende Wechselkröte *(Bufo viridis)* hat grünliche Flecken auf hellem Grund. Die Kreuzkröte *(Bufo calamita)*, die ebenfalls nicht in den Alpen vorkommt, hat zusätzlich einen gelben Rückenstreifen.

Gelbbauchunke *(Bombina variegata)* 3

A *Keine Ohrdrüsen*
B *Herzförmige Pupillen*
C *Unterseite gelb-schwarz marmoriert*

Merkmale: 4–5 cm, recht klein. Krötenähnlicher, abgeflachter Körper; warzige Haut. Die Oberseite ist dunkel lehm- bis olivfarben, die Unterseite zu mehr als der Hälfte gelb, durchsetzt mit einfarbigen schwarzen Flecken; die Bauchfärbung ist aber sehr variabel; oft haben mehrere Finger und Zehen eine gelbe Spitze. Aufgrund der fehlenden Schallblase nur leise Rufe.
Lebensweise: Die Gelbbauchunke ernährt sich von Insekten, Spinnen und kleinen Krebstierchen. Lange Laichperiode, je nach Höhenlage zwischen April und Juli; die Eier werden in kleinen Laichklumpen (jeweils ca. 10–30 Eier) an Grashalme unter Wasser etc. geheftet. Kurze Entwicklungszeit (bei guten Bedingungen 4–6 Wochen). Bei Gefahr »Kahnstellung«: Rücken wird durchgebogen, Vorder- und Hinterbeine werden nach oben gedreht, dadurch wird die Gelbfärbung der Gliedmaßen und Kehle sichtbar, was wohl eine Warnung an potenzielle Fressfeinde darstellt. Überwinterung an Land in Gewässernähe. Erreichen ein hohes Alter von bis zu 15 Jahre, in Gefangenschaft sogar über 30 Jahre.
Lebensraum: Frisch geschaffene oder entstandene sonnenexponierte Tümpel mit geringem Bewuchs; typischerweise auch kleine temporäre Gewässer (z.B. wassergefüllte Fahrspuren), wo die Gelbbauchunken aufgrund der kurzen Entwicklungszeit gut zurechtkommen; auch an Überschwemmungstümpeln von Gebirgsbächen.
Verbreitung: In den Alpen vor allem auf der Nordseite bis ca. 1900 m, meist aber eher in mittleren Höhen bis ca. 1100 m; sonst von Teilen Frankreichs über Mitteleuropa und den Balkan bis nach Griechenland; fehlt in Norddeutschland.
Die in Italien südlich der Po-Ebene verbreitete und äußerlich nicht unterscheidbare Italienische Gelbbauchunke *(Bombina pachypus)* wurde früher als Unterart angesehen, wird inzwischen aber aufgrund genetischer Untersuchungen als eigene Art betrachtet.
Ähnliche Arten: Die in den Alpen nicht vorkommende Rotbauchunke *(Bombina bombina)* hat eine zu über die Hälfte dunkle Unterseite, zudem sind die schwarzen Anteile mit feinen, weißen Tüpfeln durchsetzt; Zehen- und Fingerspitzen sind nicht hell gefärbt.

C
A
B
2

2a

B
C
3

Bergmolch *(Ichthyosaura alpestris)* 4

A *Nicht gefleckte orange Unterseite*
B *Männchen in Wassertracht mit Rückenleiste und hellblauem Seitenstreifen*
C *Weibchen stets ohne Rückenleiste*

Merkmale: 8–12 cm, Weibchen etwas größer als Männchen. Männchen in Wassertracht mit Flankenmarmorierung, schwarz-weiß gebänderter Rückenleiste, leuchtend oranger Unterseite und hellblauem Seitenstreifen; Weibchen unauffällig mit brauner Grundfärbung, ohne Rückenleiste und mit blass oranger Unterseite; in Landtracht unscheinbar, aber an oranger Unterseite noch zu erkennen.
Lebensweise: Ernährt sich von Insekten, Spinnen etc. Laichperiode je nach Höhenlage zwischen Februar und Mai; bis zu 250 Eier werden einzeln in Blätter von Wasserpflanzen eingefaltet. Nach Ende der Laichzeit noch längere Zeit im Gewässer, ehe sich die Wassertracht zurückbildet; dann unauffälliges nächtliches Leben an Land. Überwinterung (in der Regel zwischen Oktober und Ende Februar/Anfang März) im Wasser und an Land möglich. Geschlechtsreife im Gebirge oft erst nach 10 Jahren; werden über 20 Jahre alt.
Lebensraum: Alle Typen von stehenden und langsam fließenden Klein- und Kleinstgewässern, idealerweise forellenfrei.
Verbreitung: In den Alpen bis 2500 m überall verbreitet. In zahlreichen Unterarten in Nordfrankreich, in Mitteleuropa und in Südosteuropa vor allem in den größeren Gebirgszügen beheimatet; kleine, isolierte Vorkommen in Nordspanien und Süddänemark.
Ähnliche Arten: In der Wassertracht unverwechselbar, aber selbst in der unscheinbaren Landtracht aufgrund der orangen Unterseite gut zu bestimmen. Der Teichmolch *(Triturus vulgaris)* 4a, der in den Alpen ausnahmsweise auch bis über 2000 m vorkommen kann, hat auch eine orangefarbene Unterseite, diese ist aber dunkel gepunktet.

Alpen-Kammmolch *(Triturus carnifex)* 5

A *Beim Männchen in Wassertracht Rückenkamm und Schwanzsaum*
B *Gelb-orange Unterseite mit verwaschenen, schwarzen Flecken*
C *Dunkle Oberseite mit schwarzen Flecken*

Merkmale: 10–18 cm, Weibchen größer als Männchen, ohne Rückenkamm und mit niedrigerem Schwanzsaum. Dunkle Oberseite (graubraun bis oliv) mit dunklen Flecken, gelb-orange Unterseite mit großen schwarzen Flecken, in Landtracht generell dunkler gefärbt als im Wasser; Jungtiere und Weibchen an Land oft mit rötlich-gelber Rückenlinie 5a.
Lebensweise: Ernährt sich von Insekten- und Amphibienlarven sowie Amphibieneiern. Paarungszeit von März bis Juni. Ca. 200 Eier werden einzeln an Wasserpflanzen geheftet. Ab Anfang August verlassen die Tiere das Wasser.
Lebensraum: Außerhalb der Paarungszeit Laubmischwälder, sonst meist größere stehende Gewässer oder langsam fließende Bäche mit dichtem Pflanzenbewuchs.
Verbreitung: In der Schweiz ursprünglich nur auf der Alpensüdseite, in fast ganz Italien (außer Sizilien) und in Österreich in den nordöstlichen Alpen. Außerdem in Slowenien und in Nordwestkroatien. Die im Berchtesgadener Land vorkommende Population ist vermutlich eine Hybrid-Population, die aus einer Kreuzung mit dem Nördlichen Kammmolch hervorgegangen ist.
Ähnliche Arten: Sehr ähnlich ist der Nördliche Kammmolch *(Triturus cristatus)*, die Flanken des Alpen-Kammmolchs weisen aber in der Regel keine weißliche Granulierung auf. Das Weibchen des Alpen-Kammmolchs hat zudem oft eine rötlich-gelbe Rückenlinie.

B
B
A
4 ♂

4 ♀

4a

A
A
B
5 ♂

5a

Alpensalamander *(Salamandra atra)* 6

A *Einfarbig glänzend schwarz*
B *Deutlich sichtbare Ohrdrüsen*
C *Querwülste vom Rumpf bis zum Schwanzansatz*

Merkmale: 12–15 cm. Schwarz gefärbt mit relativ glatter Haut. Am Rücken und an den Seiten Drüsen-Längsreihen und Warzenreihen, große Ohrdrüsen, Schwanz mit spitzem Ende.

Lebensweise: Viviparie (lat. *viviparus*, lebend gebärend; die Jungtiere kommen bereits voll entwickelt zur Welt); alle 2–3 Jahre werden nur 2 Jungtiere geboren. Ernährt sich von Nacktschnecken, Regenwürmern, Spinnen und Insekten. Aktivität schon ab 4° C. Versteckt sich tagsüber in Höhlen, Spalten und unter Totholz und Steinen, bei »schlechtem« Wetter (feucht, neblig) auch tagsüber gut zu beobachten.

Lebensraum: Laub- und Mischwälder, Almweiden und Felsfluren oberhalb der Baumgrenze.

Verbreitung: Überall in den Alpen von ca. 800 m bis 2800 m.

Ähnliche Arten: In den Cottischen Alpen kommt Lanzas Alpensalamander *(Salamandra lanzai)* vor. Dessen Schwanz ist aber länger und endet nicht spitz auslaufend, sondern knopfartig. Zudem fehlt dieser Art die Doppelreihe kleiner Warzen auf der Rückenmitte.

Feuersalamander *(Salamandra salamandra)* 7

A *Glänzend schwarz mit gelben Flecken*
B *Deutlich sichtbare Ohrdrüsen*
C *Zwei längs verlaufende Drüsenreihen auf der Oberseite*

Merkmale: 14–18 (–20) cm. Einzelne Tiere können auch fast schwarz oder sogar fast gänzlich gelb gefärbt sein, auch Albinos sind bekannt; die gelben Flecken können auch zu Bändern und Streifen zerfließen; die Variabilität der Zeichnung lässt sogar eine individuelle Unterscheidung der Tiere zu. Der Schwanz ist drehrund.

Lebensweise: Ernährt sich von Schnecken, Regenwürmern, Spinnen und Insekten. Versteckt sich tagsüber in Höhlen und Spalten sowie unter Totholz und Steinen. Der Winter (ungefähr November bis Februar) wird in kältegeschützten Höhlen verbracht. Meist im Frühjahr werden 20–30 Larven vorwiegend in Ruhigwasserzonen von schattigen Quellbächen abgesetzt; bei optimalen Bedingungen kann die Umwandlung zum erwachsenen Tier in zwei Monaten abgeschlossen sein; bei später im Jahr abgesetzten Larven sind aber auch Überwinterungen im Larvalstadium möglich. Die Larven werden häufig von Fischen, Molchen und Insektenlarven erbeutet; die Hauptfressfeinde der ausgewachsenen Tiere sind Igel, Dachs, Wildschwein, Waldkauz und Ringelnatter. Feuersalamander erreichen ein erstaunliches Alter von mindestens 20 Jahren im Freiland und von über 50 Jahren in Gefangenschaft.

Lebensraum: Feuchte Laub- und Mischwälder.

Verbreitung: Überall in den Alpen verbreitet, aber selten über 1400 m. Gesamtverbreitung in Süd-, West-, Mittel- und Osteuropa; in südeuropäischen Gebirgen auch bis ca. 2300 m.

Ähnliche Arten: In den Alpen Oberitaliens kommen lokal zwei Unterarten des Alpensalamanders vor, die eine mehr oder weniger gelbe Fleckung aufweisen können und zwar der Aurora-Alpensalamander *(Salamandra atra aurorae)* in der Provinz Vicenza in den italienischen Voralpen auf dem Hochplateau der sieben Gemeinden und *Salamandra atra pasubiensis* im Pasubio-Massiv.

B
C
6

A
7

Fische

Es mag überraschen, dass die Fische die artenreichste Gruppe aller Wirbeltiere sind. Mit weit über 30.000 Arten umfassen sie über 50 % aller lebenden Wirbeltierarten. Auch ihre Biomasse ist immens und dürfte, auch ohne auf exakt verfügbare Angaben zurückgreifen zu können, die größte von den wild lebenden Tieren auf der Welt sein. Zudem besiedelten schon vor 450 Millionen Jahren die ersten Individuen die Urmeere, sodass Fische auch die älteste Wirbeltiergruppe darstellen.

Angesichts dieser Fülle mag es verwundern, dass die Fischfauna der Alpen an einer Hand abzuzählen ist. Dies hat natürlich Gründe. Zum einen sind die Oberläufe der Bäche (Forellenregion) meist reißende Gewässer, die nur einige Lachsfische »erklimmen« können, zum anderen stammen die heimischen Fische aus dem Süden der Alpen und sind nicht an ein Leben im kalten Wasser angepasst. So besiedeln auf natürliche Weise (nicht ausgesetzt) gerade einmal fünf Arten die alpinen Gewässer oberhalb von 1000 m: Bachforelle, Seeforelle, Äsche, Elritze (Bild links) und Groppe. Diese Arten konnten sich an schnell fließende Bäche und Flüsse mit hohem Sauerstoffgehalt, einem kiesigen Untergrund und Temperaturen unter 10° C anpassen. Außer der Forellenregion ist in den Alpen noch die darauf folgende sogenannte Äschenregion von Bedeutung. Bis zur Mündung im Meer schließen sich daran die Barbenregion, die Brachsenregion und die Kaulbarsch-Flunder-Region an. (Die Fließgewässer werden von der Quelle bis zur Mündung im Meer in fünf Fischregionen eingeteilt, der je ein Leitfisch vorsteht.)

Fische werden in die Gruppe der Knorpelfische (Haie, Rochen) und der Knochenfische, die über 90 % der Arten stellen, eingeteilt. Sie atmen durch Kiemen und sind mit wenigen Ausnahmen (z.B. Aal) mit Schuppen bedeckt. Mit ihrer Schwimmblase können Knochenfische ihren Auftrieb im Wasser regeln und müssen nicht, wie die Knorpelfische, ständig schwimmen, um nicht abzusinken. Da die Körperflüssigkeit von Süßwasserfischen mehr Salze als das umgebende Wasser enthält, strömt ständig Wasser über die Körperoberfläche in den Fisch ein, um den Konzentrationsunterschied auszugleichen. Damit die Fische nicht platzen, wird das Wasser über die Nieren ausgeschieden.

Die Fortpflanzung der Fische erfolgt überwiegend über die Ablage einer Vielzahl von Eiern ins Wasser, die dann vom Männchen mit dem Sperma (der sogenannten Milch) befruchtet werden. In den ersten Lebensstadien ernähren sich die Larven von einem sie umgebenden Dottersack.

Bachforelle *(Salmo trutta fario)* 1

A *Die meisten Individuen mit hell gesäumten roten Flecken an den Flanken*
B *Schwanzflosse fast gerade oder höchstens schwach eingekerbt*
C *Fettflosse (zwischen Rücken- und Schwanzflosse)*

Merkmale: Bis max. 50 cm, meist aber kleiner. Grundfärbung bräunlich mit unregelmäßig verteilten schwarzen und oft einigen roten Flecken, die hell gesäumt sind. Mundspalte bis hinter das Auge reichend, endständiges Maul (Ober- und Unterkiefer gleich lang). Zur Laichzeit formt sich der Unterkiefer zu einem sogenannten Laichhaken (sekundäres Geschlechtsmerkmal, um die Weibchen zu beeindrucken).
Lebensweise: Ernährt sich von Kleintieren aller Art. Legt zwischen Oktober und März zwischen 500 und 3500 Eier in eine selbst gegrabene Kiesmulde.
Lebensraum: Schnell fließende sauerstoffreiche Bäche mit Kiesbänken und Verstecken, wo keine Störung erfolgt; selten in Seen. Bis ca. 1650 m, Besatz bis 2800 m.
Verbreitung: Fast ganz Europa bis zum Ural.
Ähnliche Arten: Die Seeforelle ist meist größer und hat keine roten Seitenflecken.

Seeforelle *(Salmo trutta lacustris)* 2

A *Ohne rote Seitenflecken (vgl. Bachforelle)*
B *Schwanzflosse fast gerade oder höchstens schwach eingekerbt*
C *Fettflosse (zwischen Rücken- und Schwanzflosse)*

Merkmale: Bis max. 120 cm (meist 40–80 cm), meist aber kleiner. Grundfärbung variabel, oft aber bräunlich mit zahlreichen großen, unregelmäßig verteilten schwarzen Flecken, die hell gesäumt sind. Mundspalte bis hinter das Auge reichend, endständiges Maul (Ober- und Unterkiefer gleich lang).
Lebensweise: Wanderform aus dem Formenkreis der Forelle. Steigt zum Ablaichen die Zuflüsse hinauf; legt zwischen Oktober und Januar zwischen 1000 und 20.000 Eier in eine selbst gegrabene Kiesmulde.
Lebensraum: Tiefe Seen und große Flüsse. Bis ca. 1100 m, Besatz bis ca. 2400 m.
Verbreitung: Mittel- und Nordeuropa.
Ähnliche Arten: Die Bachforelle ist meist kleiner und hat rote Seitenflecken. Um 1880 wurde die Regenbogenforelle *(Oncorhynchus mykiss)* aus Nordamerika eingeführt. Sie vermehrt sich kaum auf natürliche Weise und wird immer wieder neu ausgesetzt; ein Besatz erfolgt in Höhen bis 2700 m. Von der Bach- und Seeforelle unterscheidet sie sich eindeutig durch ein rotes Längsband.

Seesaibling *(Salvelinus alpinus)* 3

A *Brust-, Bauch- und Afterflosse rötlich mit hellem Saum*
B *Helle Punkte an den Flanken*
C *Männchen zur Laichzeit mit roter Unterseite*

Merkmale: Bis max. 75 cm. Grundfärbung bräunlich bis graugrün, die Flanken sind etwas heller mit einigen hellen Punkten; in Alpenseen oft fahlbraune kleinwüchsige Formen (»Schwarzreuther« oder »Schwarzreiter«); Rücken- und Schwanzflosse dunkel. Schwanzflosse fast gerade, nur bei Jungfischen etwas eingebuchtet. Mundspalte bis zum Hinterrand des Auges reichend, endständiges Maul (Ober- und Unterkiefer gleich lang), Fettflosse.
Lebensweise: Ernährt sich von Insekten, kleinen Fischen etc., die kleinwüchsigen

B
C
A
1

C
B
2

B
C
A
3 ♂

Alpenformen ernähren sich von Plankton. Legt zwischen September und Januar zwischen 100 und 10.000 Eier in Geröll oder auf Kies. Kann bis zu 40 Jahre alt werden.

Lebensraum: Nährstoffarme Seen. Bis 1600 m, Besatz bis 2700 m.

Verbreitung: Verstreut in Mittel- und Nordeuropa sowie in Südgrönland und Nordamerika.

Ähnliche Arten: Im 19. Jahrhundert wurden der Bachsaibling *(Salvelinus fontinalis)* und der Amerikanische Seesaibling *(Salvelinus namaycash)* aus Nordamerika eingeführt. Der Amerikanische Seesaibling kommt in der Schweiz vor, der Bachsaibling in mehreren Teilen Europas. Beide werden in Seen und Fließgewässern bis ca. 2500 m ausgesetzt. Der Bachsaibling hat eine blaugrüne Rückenfärbung und zahlreiche gelbe und blaue Flecken, die gelben Flecken können am Rücken zu gelben Bändern zusammenlaufen; die Rückenflosse ist dunkel marmoriert, an Brust-, Bauch- und Afterflosse befindet sich wie beim Amerikanischen Seesaibling ein weißer Saum. Die Rücken- und Seitenfärbung des Amerikanischen Seesaiblings ist grau mit zahlreichen hellen Flecken.

Äsche *(Thymallus thymallus)* 4

A *Lange Rückenflosse*
B *Leicht nach vorne zugespitzte Pupillen*
C *Silbrige Schuppen*

Merkmale: 30–50 (–60) cm. Rücken blaugrau; Flanken und Bauch silbrig-weiß, zur Laichzeit dunkler; auf Rücken und Flanken unregelmäßig verteilte dunkle Flecken; Bauchflosse und Rückenflosse oft rötlich. Schuppen im Verhältnis zum Körper relativ groß. Kleiner Kopf mit spitzer Schnauze, Oberkiefer leicht unterständig mit kleiner Mundspalte; Fettflosse und Schwanzflosse tief eingekerbt. Fleisch riecht nach Thymian (daher die wissenschaftliche Bezeichnung »Thymallus«).

Lebensweise: Ernährt sich von Würmern, Insekten, Fischlaich, kleinen Fischen und Schnecken. Leitart der »Äschenregion« von Flüssen, die durch eine starke Strömung und hohen Sauerstoffgehalt ausgezeichnet ist, der Untergrund ist von Geröll und Grobkies bedeckt. Die »Äschenregion« schließt unterhalb der »Forellenregion« (unmittelbar am Oberlauf des Flusses, kältere Temperaturen und noch stärkere Strömung) an diese an. Im Frühjahr werden 600–14.000 Eier in eine Kiesgrube abgelaicht. Die Larven bleiben zwischen Steinen verborgen, bis der Dottersack aufgebraucht ist.

Lebensraum: Schnell fließende, sauerstoffreiche Bäche, selten Seen. Bis 1800 m.

Verbreitung: In Mittel-, West- und Nordeuropa unregelmäßig verbreitet, in einigen Teilen Europas eingeführt.

Ähnliche Arten: Im behandelten Gebiet kaum zu verwechseln, eindeutig gekennzeichnet durch die lang gezogene Rückenflosse (»Äschenfahne«) und die birnenförmigen Pupillen.

Elritze *(Phoxinus phoxinus)* 5

A *Kleiner Schwarmfisch*
B *Goldenes Längsband oberhalb der Seitenlinie*
C *Männchen zur Laichzeit mit rotem Bauch (siehe Abb. S. 152)*

Merkmale: 6–14 cm, Weibchen etwas größer als Männchen. Färbung variabel, meist dunkeloliv bis graugrün mit Querbinden und Flecken; Flanken etwas heller mit Silberglanz und oft goldenem Längsband; Bauch weißlich. Augen groß, end-

A
B
4

B
5

ständiges Maul (Ober- und Unterkiefer gleich lang), Körper fast drehrund. Beide Geschlechter mit Laichausschlag (pustelartige Ausstülpungen der Haut, vor allem in der Kopfregion).

Lebensweise: Ernährt sich von Insekten und kleinen Bodentieren. Hält sich gerne nahe der Wasseroberfläche auf. Zwischen April und Juli werden 200–1000 Eier im Kies abgelegt. Zahlreiche Fressfeinde, wie z.B. Raubfische, Eisvögel, Wasserspitzmäuse.

Lebensraum: Bäche, kleine Flüsse und Seen mit Kiesgrund. Bis 2800 m.

Verbreitung: Weite Teile Europas bis ins nördliche Asien.

Ähnliche Arten: Die ähnlich kleinen Stichlinge *(Gasterosteidae)* haben keine Schuppen und anstatt einer Rückenflosse je nach Art drei bis sechzehn Rückenstacheln.

Flussbarsch *(Perca fluviatilis)* 6

A *Zweigeteilte Rückenflosse*
B *Breit gebänderte Flanken*
C *Kiemendeckel zu einem Dorn ausgezogen*

Merkmale: Bis 50 cm, meist kleiner. Endständiges Maul (Ober- und Unterkiefer sind gleich lang). Rückenfärbung braun bis olivfarben; Bauch weiß bis rötlich mit Silberglanz; rötliche Bauch- und Afterflossen. Rücken- und Afterflossen mit spitzen Stachelstrahlen; Rückenflossen lassen sich zusammenfalten.

Lebensweise: Zwischen März und Juni werden 12.000–300.000 Eier in Laichbändern an Pflanzen angeheftet und am Grund abgelegt. Je nach Nahrungsangebot wachsen die Flussbarsche zu verschiedenen Formen heran. Ernährt sich von wirbellosen Kleintieren, Fischlaich und -brut sowie von Kleinfischen.

Lebensraum: Pflanzenreiche Seen und langsam fließende Gewässer. Bis 1100 m, Besatz bis 1700 m.

Verbreitung: In Europa (außer Iberische Halbinsel, Süditalien und Westbalkan) verbreitet sowie in weiten Teilen Anatoliens und Russlands; eingeführt in Australien und Südafrika.

Ähnliche Arten: Im behandelten Gebiet kaum zu verwechseln.

Groppe *(Cottus gobio)* 7

A *Breiter Kopf mit großem Maul*
B *Große Brustflossen*
C *Augen nach oben verschoben*

Merkmale: 10–15 cm (bis max. 18 cm). Färbung variabel, meist bräunlich mit dunklen Flecken und Bändern. Körper keulenförmig; froschartiger breiter, flacher Kopf; endständiges Maul (Ober- und Unterkiefer gleich lang); Kiemendeckel zu einem Dorn ausgezogen; zweigeteilte, zusammenfaltbare Rückenflosse; sehr große Brustflossen; abgerundete Schwanzflosse. Schuppenlos.

Lebensweise: Ernährt sich von Insektenlarven, Bachflohkrebsen sowie Fischlaich und -brut etc. Zwischen März und Juni werden 100–300 Eier in Klumpen zwischen Steinen abgelegt. Nachtaktiv; tagsüber versteckt unter Wurzeln oder zwischen Geröll. Sehr empfindlich gegenüber Gewässerverschmutzung. Schlechte Schwimmerin, die sich mit gespreizten Brustflossen ruckartig über den Grund bewegt.

Lebensraum: Sauerstoffreiche Bäche, kleine Flüsse und Seen mit kiesigem Grund. Bis über 2000 m.

Verbreitung: In West-, Mittel- und Osteuropa weit verbreitet.

Ähnliche Arten: Im behandelten Gebiet kaum zu verwechseln.

A
B
6

A
B
C
7

Insekten

Die Insekten sind die mit am Abstand artenreichste Klasse im Tierreich. Weit über eine Million Arten sind bereits beschrieben, weitere Millionen warten noch darauf, entdeckt zu werden. Trotz der Formenvielfalt haben alle Insekten einen gemeinsamen Bauplan. Ihr Körper gliedert sich in drei deutlich voneinander unterscheidbare Abschnitte: Kopf (Caput), Brust (Thorax, drei Segmente mit drei Beinpaaren und zwei Paar Flügeln) und Hinterleib (Abdomen). Davon leiten sich auch die nur noch selten gebräuchlichen deutschen Namen für Insekten (lat. *insectum* = das Eingeschnittene) ab: Kerbtiere oder Kerfe.

Es wird wohl nicht einen Spezialisten geben, der von sich behaupten kann, alle Arten auch nur annähernd zu kennen. In diesem Führer kann auch nur ein kleiner Teil der Insekten der Alpen vorgestellt werden. Es soll aber das Interesse für einzelne Insektengruppen geweckt werden.

Die vorgestellten Insekten beschränken sich weitgehend auf die Ordnungen der Heuschrecken (Bild rechts oben: Männchen der Gewöhnlichen Gebirgsschrecke), Schmetterlinge (Bild rechts Mitte: Alpen-Scheckenfalter) und Libellen (Bild rechts unten: Schwarze Heidelibelle), da deren Vertreter sehr auffällig sind und die Artenzahl innerhalb der Ordnung noch gut überschaubar ist. Schon bei den Käfern (Bild links: Alpenbock) ist die Anzahl zu groß, um eine vernünftige Übersicht geben zu können. So wird aus dieser Ordnung nur der Alpenbock vorgestellt, der wahrscheinlich die Vorzeigeart aus der alpinen Insektenfauna darstellt.

Bei der Suche nach Insekten sollte man nicht nur die Augen und Ohren (bei Heuschrecken) offen halten, sondern es ist auch hilfreich, über die Lebensraumansprüche der einzelnen Arten Bescheid zu wissen. So wird man bei den meisten Arten an sonnenbeschienenen Hängen eher fündig werden, da die wechselwarmen Tiere eher auf Sonneneinstrahlung reagieren als auf die Lufttemperatur. Am besten sind daher die Sommermonate zur Beobachtung geeignet. Man sollte auch nicht zu früh unterwegs sein, da die Insekten sonst noch bewegungslos in der dichten Vegetation verharren.

Wer intensiver in die Thematik einsteigt, wird bemerken, dass man sich damit ein Leben lang beschäftigen kann, ohne dass Langweile aufkommt. Die folgende Übersicht soll dazu animieren und die Literaturhinweise am Ende zählen weiterführende Bücher für eine intensivere Beschäftigung mit der Entomologie (Insektenkunde) auf.

Alpen-Mosaikjungfer *(Aeshna caerulea)* 1

A *Zwei schmale hellblaue Seitenstreifen auf dem Thorax*
B *Beim Männchen zwei kurze unauffällige Streifen auf der Oberseite des Brustsegments (Antehumeralstreifen)*
C *Kurze Berührungslinie zwischen den Augen*

Merkmale: 5,5–6,5 cm, kleine Edellibelle. Männchen mit schwarz-blauem Abdomen mit recht großen blauen Flecken, sodass die schwarze Zeichnung entsprechend reduziert ist; bräunliche Flügelvorderkanten bei Männchen und Weibchen. Bei kühleren Temperaturen (ca. unter 16° C) ist die Färbung grau-violett, unter 10° C werden sogar die Augen dunkler. Weibchen mit dunkelbraunem Hinterleib mit gelb-beigen Flecken, die Antehumeralstreifen fehlen. Junge Männchen wie Weibchen gefärbt.

Lebensweise: Alle Libellen ernähren sich von Insekten unterschiedlichster Größe, die im Flug gefangen werden. Dabei wird auch nicht vor anderen Libellen zurückgeschreckt. Sonnt sich gerne mit niedergedrückten Flügeln auf hellen Oberflächen. Im Gegensatz zu anderen Edellibellen-Arten aber noch bei niedrigen Temperaturen aktiv (Männchen noch bei 13° C, Weibchen schreitet noch bei ca. 7° C zur Eiablage). Übernachtung in Baumkronen. Trifft schon am späten Vormittag an den Fortpflanzungsgewässern ein und bleibt dort bis zum späten Nachmittag, wobei die heißesten Mittagsstunden in den schattigeren und kühleren Moorbereichen verbracht werden. Mindestens dreijährige Entwicklungszeit; Larven überwintern ca. 7–8 Monate im Torfschlamm unter Eis und Schnee. Flugzeit von Ende Juni bis Mitte September. Dann sterben die Imagines und nur die Eier und Larven überleben den Winter.

Lebensraum: In den Alpen meist Wald-Hochmoore, die im Zentrum baumfrei sind. Bis 2600 m, meist aber zwischen 1400 m und 2200 m.

Verbreitung: Alpen, einige Mittelgebirge, wie z.B. Schwarzwald und Riesengebirge, sowie Schottland und Fennoskandinavien (dort eine Charakterart der Gewässer der subarktischen Strauchtundra und nicht an Hochmoore gebunden); östlich bis Kamtschatka.

Ähnliche Arten: Die Torf-Mosaikjungfer *(Aeshna juncea)* ist größer, hat zwei breite gelblich-grüne Seitenstreifen auf dem Thorax, zwei auffällige Antehumeralstreifen, eine gelbe Flügelvorderkante und jedes Hinterleibssegment trägt einen schmalen gelben Querstreifen.

Torf-Mosaikjungfer *(Aeshna juncea)* 2

A *Zwei breite, auffällige gelblich-grüne Seitenstreifen auf dem Thorax*
B *Gelbe Flügelvorderkanten*
C *Kräftige T-Zeichnung auf der Stirn*

Merkmale: 6,5–8 cm, große Edellibelle. Männchen und Weibchen mit schmalem gelblichem Querstreifen an jedem Hinterleibssegment. Männchen mit schwarz-blauem Abdomen mit recht kleinen blauen Flecken, sodass die schwarze Zeichnung entsprechend dominant ist, und mit zwei schmalen Antehumeralstreifen. Weibchen mit dunkelbraunem Hinterleib mit gelb-beigen Flecken, die Antehumeralstreifen sind reduziert. Junge Männchen wie Weibchen gefärbt.

Lebensweise: Ernährung von Insekten unterschiedlichster Größe, die im Flug gefangen werden. Dabei wird auch nicht vor anderen Libellen zurückgeschreckt. Ausdauernder Flieger, der aggressiv Artgenossen und andere Libellen vertreibt. Die Aktivität ist während heißer Mittagsstunden am geringsten, an kühlen, aber sonnigen Tagen ist sie hingegen zur Mittagszeit am höchsten. Flugaktivität

C
B
1 ♂

2 ♀

A
2 ♂

ab einer Temperatur von ca. 15° C und weniger, Weibchen wurden sogar noch bei 6° C bei der Eiablage beobachtet. Übernachtung in Baumkronen, oberhalb der Baumgrenze auch auf Felsblöcken, Grasbüscheln etc. Trifft schon am späten Vormittag an den Fortpflanzungsgewässern ein und bleibt dort bis zum späten Nachmittag. Mindestens dreijährige Entwicklungszeit; Larven überwintern ca. 7–8 Monate im Torfschlamm unter Eis und Schnee. Flugzeit von Anfang Juli bis September (Oktober). Dann sterben die Imagines und nur die Eier und Larven überleben den Winter.

Lebensraum: In tieferen Lagen hauptsächlich an Mooren, in höheren Lagen aber auch an Stillgewässern aller Art. Bis fast 2800 m.

Verbreitung: Vom Eismeer bis zu den Alpen, südlich davon nur noch lokal und auf höhere Lagen beschränkt; in Gebirgsregionen oft die häufigste Mosaikjungfer. In der Nearktis in Alaska, Kanada und den Gebirgen im Nordosten der USA.

Ähnliche Arten: Sehr ähnlich ist die in den Alpen in Hochmooren bis ca. 2000 m vorkommende Hochmoor-Mosaikjungfer *(Aeshna subarctica)*. Eine sichere Unterscheidung beider Arten im Flug ist ausgeschlossen; anhand folgender Unterschiede kann aber eine Bestimmung am sitzenden Individuum gelingen: Die Hochmoor-Mosaikjungfer wirkt insgesamt etwas dunkler und einheitlicher gefärbt, die Flügelvorderkante ist eher bräunlich als gelb; wichtigstes Unterscheidungsmerkmal ist jedoch, dass die Torf-Mosaikjungfer einen gelben Fleck hinter dem Auge hat, der bei der Hochmoor-Mosaikjungfer fehlt.

Alpen-Smaragdlibelle *(Somatochlora alpestris)* 3

A *Leuchtend grüne Augen*
B *Metallisch grüne Brustseiten*
C *Heller Ring am Ende des zweiten Hinterleibsegments*

Merkmale: 4,5–5 cm. Hinterleib matt schwarz glänzend; heller Ring am Ende des zweiten Hinterleibsegments deutlich ausgeprägt (dieser kann aber auch fehlen).

Lebensweise: Alle Libellen ernähren sich von Insekten unterschiedlichster Größe, die im Flug gefangen werden. Dabei wird auch nicht vor anderen Libellen zurückgeschreckt. Ausgezeichneter und ausdauernder Flieger. Übernachtung in Bäumen (meist Nadelbäumen). Trifft am späten Vormittag an den Fortpflanzungsgewässern ein und erreicht am späten Nachmittag das Maximum der Tagesaktivität; ruht in der Abendsonne oft noch auf einem Nadelbaumzweig. Entwicklungszeit bis zu fünf Jahre, bei günstigen Bedingungen auch nur zwei; Larven können Austrocknen und Durchfrieren der Gewässer im Schlamm überdauern. Flugzeit von Ende Juni bis Mitte September. Dann sterben die Imagines und nur die Eier und Larven überleben den Winter.

Lebensraum: Bevorzugt Hochmoore mit Waldumgebung; oberhalb der Baumgrenze auch an bewachsenen Weihern. Bis 2600 m, meist aber zwischen 1400 m und 2100 m.

Verbreitung: Verstreut in den gesamten Alpen. In Mitteleuropa außerhalb der Alpen noch in einigen Mittelgebirgen (z.B. Schwarzwald, Böhmerwald), ansonsten von Nordeuropa bis zum Nordural und von Sibirien bis Japan und Nordkorea.

Ähnliche Arten: Sehr ähnlich ist die auch in den Alpen bis 2300 m mitunter im selben Lebensraum vorkommende Arktische Smaragdlibelle *(Somatochlora arctica)* **3a**. Beim Weibchen fallen zwei gelbe Flecken am dritten Hinterleibsegment auf, das Männchen hat eine schmalere Taille und zangenförmige Hinterleibsanhänge. Die Augenfarbe der etwas zierlicheren Arktischen Smaragdlibelle tendiert eher ins Olivgrüne, während die Augen der Alpen-Smaragdlibelle leuchtend smaragdgrün sind.

2

3

3a ♀

Kleine Moosjungfer *(Leucorrhinia dubia)* 4

A *Weißes Gesicht*
B *Geschlechtsreife Männchen mit roten Flecken auf Thorax und Hinterleib*
C *Kleinste europäische Moosjungfern-Art*

Merkmale: 3,1–3,6 cm. Körper schwarz; Fleckung am Hinterleib auf die Oberseite der Segmente 2–7 beschränkt, bei Weibchen und jungen Männchen gelblichbraun, bei Männchen wechselt diese Färbung mit zunehmendem Alter von orange über rot bis zu dunklem Braunrot.
Lebensweise: Ernährung von Insekten unterschiedlichster Größe, die im Flug gefangen werden. Dabei wird auch nicht vor anderen Libellen zurückgeschreckt. Unsteter, schwankender, meist nur kurzer Flug. Sitzt gerne am Boden in dichter Vegetation, am Morgen und Abend zum Aufwärmen häufig auf hellen Gegenständen. Fortpflanzungsgewässer dürfen weder austrocknen noch durchfrieren. Entwicklungszeit meist 3 (2–4) Jahre. Flugzeit von Mitte Mai bis Anfang September. Dann sterben die Imagines und nur die Larven überleben den Winter.
Lebensraum: Hoch- und Übergangsmoore mit Waldumgebung, auch saure Teiche und Seen mit Torfmoosen. Bis 2300 m.
Verbreitung: In den Alpen einzige Moosjungfern-Art; Mittel- und Nordeuropa, Teile Großbritanniens und Frankreichs sowie Pyrenäen; bis Kamtschatka und Japan.
Ähnliche Arten: Sehr ähnlich ist die nicht in den Alpen, sondern nur u.a. im nördlichen Alpenvorland vorkommende Nordische Moosjungfer *(Leucorrhinia rubicunda)*. Diese hat etwas ausgedehntere Flecken, ein rotbraunes statt schwarzes Flügelmal und einen einheitlichen gelblichen Flügelvorderrand (von vorne gesehen), während bei der Kleinen Moosjungfer die basale Hälfte der Flügelvorderkante dunkel ist; die Unterschiede sind aber oft erst in der Hand zu erkennen.

Schwarze Heidelibelle *(Sympetrum danae)* 5

A *Schwarze Thoraxbinde mit drei gelben Flecken auf jeder Seite*
B *Alte Männchen schwarz gefärbt*
C *Beine und Flügelmal schwarz*

Merkmale: 2,9–3,4 cm. Weibchen und junge Männchen gelblich-braun mit schwarzer Unterseite, alte Männchen bis auf wenige dunkelgelbe Flecken am Hinterleib schwarz gefärbt; Brustseiten mit zwei gelben Schrägstreifen mit einem schwarzen Streifen dazwischen, der drei kleine gelbliche Flecken einschließt.
Lebensweise: Ernährung von Insekten unterschiedlichster Größe, die im Flug gefangen werden. Dabei wird auch nicht vor anderen Libellen zurückgeschreckt. Vor allem alte Männchen und Weibchen setzen sich bei niedrigen Temperaturen gerne zum Aufwärmen auf helle Gegenstände. Die Paarung findet meist abseits der Fortpflanzungsgewässer statt; das Weibchen kann bis zu 900 Eier legen; kurzzeitiges Austrocknen der Fortpflanzungsgewässer wird toleriert, solange die Larven im feuchten Schlamm oder Torfmoos Unterschlupf finden. Entwicklungszeit je nach Witterung und Nahrungsangebot 2–6 Monate. Flugzeit von Mitte Juni bis Anfang November, in den Alpen ca. von Ende Juli bis Mitte Oktober. Dann sterben die Imagines und nur die Eier überwintern.
Lebensraum: Hoch- und Übergangsmoore, saure Gewässer, auch an verwachsenen fischfreien Seen und Fließgewässern. Bis 2200 m.
Verbreitung: Gesamte Alpen; zirkumpolar.
Ähnliche Arten: Andere schwarz oder dunkel gefärbte Segellibellen kommen nur südlich der Alpen vor, zudem sind die drei gelblichen Flecke in der schwarzen Thoraxbinde ein zuverlässiges Bestimmungsmerkmal.

B
4 ♂

A
C
5 ♀

C
B
5 ♂

Wanstschrecke *(Polysarcus denticauda)* 6

A *Massiger Körper*
B *Halsschild am unteren Rand gelb-grün*
C *Kaum sichtbare Flügel*

Merkmale: 2,7–4,7 cm. Grundfarbe grasgrün; Kopf, Fühler und Beine mit feinen dunklen Tupfen. Halsschild beim Männchen am Hinterrand erhöht. Schuppenartige, winzige Flügel, die beim Weibchen kaum sichtbar unter dem Halsschild herausragen. Aufgrund der stark reduzierten Flügel und der namengebenden Leibesfülle flugunfähig und kaum sprungfähig. Fühler kürzer als der Körper. Legeröhre beim Weibchen im letzten Drittel aufwärts gebogen. Charakteristischer sirrender Gesang, der am Ende unregelmäßig wird.

Lebensweise: Ernährt sich von Blättern krautiger Pflanzen (z.B. Klappertopf, Löwenzahn, Wiesen-Storchenschnabel). Hält sich vorwiegend in dichter Bodenvegetation auf und ist trotz ihrer Größe nur schwer zu entdecken. Entwicklungszeit 2 Jahre, Imagines können zwischen Juni und Mitte Oktober angetroffen werden.

Lebensraum: Bergwiesen und -weiden bis weit über 2000 m.

Verbreitung: Mittel- und Südeuropa.

Ähnliche Arten: Unverwechselbar.

Zwitscherschrecke *(Tettigonia cantans)* 7

A *Oberseite von Flügel, Halsschild und Kopf bräunlich*
B *Große, breite grüne Flügel*
C *Flügel ragen nur wenig über den Hinterleib hinaus*

Merkmale: 2–3,3 cm, Weibchen etwas größer als Männchen. Grundfärbung grün; lange, bräunliche Fühler. Praktisch flugunfähig. Weibchen mit bis zu 3 cm langer, nur leicht nach oben gebogener Legeröhre. Der Gesang ist laut, besteht aus einem anschwellenden Schwirren und wird ab der Mittagszeit bis weit in die Nacht vorgetragen.

Lebensweise: Ernährt sich von Blättern und Insekten, auch Heuschrecken bis zur Größe des Grünen Heupferds werden überwältigt. Der Gesang wird von Bäumen und Sträuchern vorgetragen und bei Annäherung von Menschen sofort unterbrochen. Bei Bedrohung lässt sich die Zwitscherschrecke in die dichte Vegetation fallen. Entwicklungszeit 2 Jahre; 6 Larvenstadien bis zum Imago; Imagines können zwischen Ende Juni und Anfang November angetroffen werden.

Lebensraum: Mit Büschen durchsetzte Krautschicht, langgrasige Wiesen und Weiden mit ausreichender Feuchtigkeit. Bis über 2000 m.

Verbreitung: Eurosibirisch.

Ähnliche Arten: Das ähnliche, flugfähige Grüne Heupferd *(Tettigonia viridissima)* erreicht in den Alpen auch Höhen von über 2000 m, ist aber meist unter 750 m anzutreffen. Es ist größer und die Flügel ragen deutlich über das Hinterleibsende hinaus.

Warzenbeißer *(Decticus verrucivorus)* 8

A *Lange Flügel mit auffälliger Musterung*
B *Gedrungene Gestalt*
C *Gesang erinnert an das Aneinanderschlagen metallener Stricknadeln*

Merkmale: 2,6–4,2 cm, Weibchen etwas größer als Männchen. Grundfärbung grün mit ockerfarbener und gelblicher Zeichnung, Vorderflügel mit zahlreichen schwarzen, würfelförmigen Flecken. Weibchen mit bis zu 2,5 cm langer, leicht

B
6 ♀

B
A
7 ♂

A
8 ♂

nach oben gebogener Legeröhre. Lauter Gesang, nur bei Sonne vorgetragen; die »Zick«-Laute ertönen anfangs einzeln und dann in immer schneller werdender Folge.
Lebensweise: Ernährt sich von Blättern und Insekten. Flucht durch froschartige Sprünge. Entwicklungszeit (1) 2–3 (–7) Jahre; 6 Larvenstadien bis zum Imago; Imagines können zwischen Ende Juni und Anfang November angetroffen werden.
Lebensraum: Wiesen und Weiden. Bis über 2500 m.
Verbreitung: Eurosibirisch.
Ähnliche Arten: Aufgrund der Größe und der gedrungenen Gestalt eigentlich nicht zu verwechseln.

Alpen-Strauchschrecke *(Pholidoptera aptera)* 9

A *Halsschild-Seitenlappen mit breiter weißer Randbinde*
B *Hinterschenkel unten weiß, oben grau-braun marmoriert, an den Seiten schwarz*
C *Dunkle Grundfärbung*

Merkmale: 2–2,5 cm, Weibchen etwas größer als Männchen. Grundfarbe braun-schwarz, Männchen kontrastreicher als Weibchen, Unterseite gelb, Halsschild an den Seiten bis auf den weißen Rand schwarz. Flügel klein, beim Männchen etwa so lang wie das Halsschild, beim Weibchen kaum sichtbar; flugunfähig. Weibchen mit 2 cm langer, am Ende leicht aufwärts gebogener Legeröhre. Starke Mundwerkzeuge, die schmerzhafte Bisse verursachen können. Lauter Gesang aus einer Folge rasch vorgetragener Einzeltöne (»zri zri zri ...«), der vom Nachmittag bis weit in die Nacht ertönt.
Lebensweise: Ernährt sich pflanzlich und von verschiedenen Insekten. Meist in dichter Vegetation verborgen. Gesang wird bei Annäherung von Menschen eingestellt und das Tier verkriecht sich in die dichtere Vegetation. Entwicklungszeit mindestens 2 Jahre; 7 Larvenstadien bis zum Imago; Imagines können zwischen Juni und November angetroffen werden.
Lebensraum: Dichte, reich strukturierte Vegetation mit ausreichend Feuchtigkeit und Deckungsmöglichkeit, z.B. Hochstaudenfluren, Waldränder, Legföhrenbestände, dichte Gras- und Krautbestände, mit Büschen bewachsene Steinhalden. Bis über 2300 m.
Verbreitung: Ost- und Mitteleuropa.
Ähnliche Arten: Ähnlich ist die endemisch in den Südalpen bis 2500 m vorkommende Alpine Bergschrecke *(Antaxius difformis)*. Die besten Unterscheidungsmerkmale sind die schmale Kopfoberseite und die kurzen breiten Cerci (paarige Hinterleibsanhänge) dieser Art; bei der Alpen-Strauchschrecke sind die Cerci lang und schmal und die Kopfoberseite ist breit.

Alpenschrecke *(Anonconotus alpinus)* 10

A *Dunkle Flecken an Kopf- und Halsschildseiten*
B *Kopf und Bauch unten hellgrau*
C *Beine rosa bis hellbraun mit schwarzem Knie*

Merkmale: 1,6–2,3 cm, Weibchen etwas größer als Männchen. Grundfarbe hell- bis olivgrün, fast einfarbige Tiere kommen vor; Augen schwarz; Fühler hellbraun, am Ende dunkler werdend, etwa körperlang. Winzige hellgelbe Flügel, flugunfähig. Weibchen mit ca. 1–1,5 cm langer, leicht nach oben gebogener Legeröhre. Gesang kaum hörbar.
Lebensweise: Ernährt sich pflanzlich und von Insekten. Hält sich am Boden auf, bevorzugt auf kiesigen Flächen. Entwicklungszeit mindestens 2 Jahre; 7 Larvenstadien bis zum Imago; Imagines können zwischen Juli und Oktober angetroffen werden.

8 ♀

B
A
C
9 ♂

9 ♀

C
A
B
10 ♀

Lebensraum: Sonnige Weiden und Zwergstrauchheiden mit nicht geschlossener Pflanzendecke und steinigen Böden, gerne mit Wacholderbüschen durchsetzt. Nicht unter 1100 m, bis über 2300 m.
Verbreitung: Alpen; fehlt in Deutschland.
Ähnliche Arten: Unverwechselbar.

Gewöhnliche Gebirgsschrecke *(Podisma pedestris)* 11

A *Unterseite der Hinterschenkel rot*
B *Hinterschiene bläulich mit weißen Dornen*
C *Hinterleib wirkt geringelt*

Merkmale: 1,8–3 cm, Weibchen deutlich größer als Männchen. Grundfärbung ohne grün, meist gelblich-oliv bis rotbraun; Männchen kontrastreicher gefärbt als Weibchen; breiter schwarzer Streifen, der vom Auge bis zum Hinterrand des Halsschildes reicht; Alttiere mit schwarzgelber Seitenzeichnung. Flügel schuppenartig und kürzer als das Halsschild, flugunfähig. Kein Gesang, nur knisternde Laute, die mit den Mundwerkzeugen erzeugt werden.
Lebensweise: Ernährt sich pflanzlich. Bodenbewohnerin. Entwicklungszeit 1–2 Jahre; 5 Larvenstadien bis zum Imago; Imagines können zwischen Mitte Juni und Mitte November angetroffen werden.
Lebensraum: Offene Schotterbereiche mit lückiger Vegetation, z.B. Schuttflächen. Bis 2800 m.
Verbreitung: Eurosibirisch. Vorkommen in Mittel- und Südeuropa auf Gebirgs- und Mittelgebirgsregionen beschränkt.
Ähnliche Arten: Die Alpine Gebirgsschrecke *(Miramella alpina)* hat eine grüne Grundfärbung und der Hinterleib wirkt nicht geringelt. Die Nordische Gebirgsschrecke *(Bohemanella frigida)* hat rote Hinterschenkel und Hinterschienen sowie längere Flügel, zudem fehlt der schwarze Streifen, der bei der Gewöhnlichen und der Alpinen Gebirgsschrecke vom Auge bis zum Hinterrand des Halsschildes reicht.

Nordische Gebirgsschrecke *(Bohemanella frigida)* 12

A *Unterseite der Hinterschenkel und Hinterschiene rot*
B *Flügel nach hinten schmaler werdend*
C *Halsschild-Seitenlappen oft auffällig hell gefleckt*

Merkmale: 1,8–2,7 cm; Weibchen deutlich größer als Männchen. Grundfärbung sehr variabel, unterschiedliche Braun-, Gelb-, Grün- und sogar Violetttöne; die Halsschildoberseite ist einfarbig, an den Seiten oft auffällig hell gefleckt; die Flügel sind dunkler und die Körperseiten heller. Flügel etwas länger als Kopf und Halsschild zusammen, gegen die Spitze verschmälert. Langflügelige Individuen sind selten. Kein Gesang, nur knisternde Laute, die mit den Mundwerkzeugen erzeugt werden.
Lebensweise: Ernährt sich pflanzlich. Bodenbewohnerin, die vor allem bei wechselnder Bewölkung gerne aufgewärmte Steine aufsucht. Frühe Schneefälle werden problemlos überstanden. Entwicklungszeit 1–2 Jahre; 5 Larvenstadien bis zum Imago; Imagines können zwischen Juli und Oktober angetroffen werden.
Lebensraum: Kurzgrasige Hänge, vegetationsarme Schuttflächen, auch windausgesetzte Kuppen mit Krummseggenrasen. In den Biotopen herrschen große Temperaturunterschiede vor. Bis fast 3000 m, selten unter 2000 m.
Verbreitung: Arkto-alpin; Nordskandinavien, Sibirien und Alpen; fehlt in Deutschland.
Ähnliche Arten: Die Gewöhnliche Gebirgsschrecke *(Podisma pedestris)* hat bläuliche Hinterschienen.

♀
♂
A
B
C
11

C
B
A
12

Alpine Gebirgsschrecke *(Miramella alpina)* 13

A *Hinterschenkel mit roter Unterseite*
B *Glänzend grüne Grundfärbung*
C *Flügel braun mit dunkler Äderung, etwa so lang wie Halsschild*

Merkmale: 1,6–3,1 cm, Weibchen deutlich größer als Männchen. Breiter schwarzer Streifen vom Auge zum Hinterrand des Halsschildes, der sich beim Männchen zur Hinterleibsspitze fortsetzt; Hinterschienen beim Weibchen gelblich, beim Männchen bläulich. Körper abstehend hell behaart. Flugunfähig. Kein Gesang, nur knisternde, mit den Mundwerkzeugen erzeugte Laute.
Lebensweise: Ernährt sich pflanzlich. Bewohnerin der Kraut- und Bodenschicht. Entwicklungszeit wahrscheinlich einjährig. 5 Larvenstadien bis zum Imago; Imagines können zwischen Juni und Oktober angetroffen werden.
Lebensraum: Dichte Vegetation mit ausreichend hoher Luftfeuchtigkeit, wie z.B. Krautsäume entlang von Flüssen, krautige Wiesen, Zwergstrauchheiden etc.; bevorzugt nordseitige Lagen. Bis über 2600 m.
Verbreitung: Mittel- und Osteuropa.
Ähnliche Arten: Die nur im Tessin vorkommende Tessiner Gebirgsschrecke *(Miramella formosanta)* ist nicht so leuchtend grün gefärbt, die Flügel sind deutlich größer und berühren sich leicht am Rücken und die schwarze Zeichnung am Kopf, an den Körperseiten und den Hinterschenkeln ist deutlicher ausgeprägt.
Im Nationalpark Nockberge und in der unmittelbaren Umgebung kommt die Kärntner Gebirgsschrecke *(Miramella carinthiaca)* vor, die äußerlich kaum von der Alpinen Gebirgsschrecke unterscheidbar ist.

Rotflügelige Schnarrschrecke *(Psophus stridulus)* 14

A *Kräftiges gewölbtes Halsschild mit hohem Mittelkiel*
B *Hinterschenkel mit drei hellen Bändern*
C *Hinterflügel leuchtend rot mit dunklen Spitzen*

Merkmale: 1,9–3,5 cm, Weibchen deutlich größer als Männchen. Grundfärbung des Männchens braunschwarz bis schwarz, des Weibchens grau bis graubraun. Die Vorderflügel des Männchens überragen die Hinterknie deutlich, beim Weibchen enden sie deutlich davor; Weibchen flugunfähig. Kein Gesang; anstatt des Gesangs ertönt ein weithin hörbares Flugschnarren, das mit den Hinterflügeln erzeugt wird.
Lebensweise: Ernährt sich pflanzlich. Bewohnerin der Kraut- und Bodenschicht. Bei warmen Temperaturen werden von Männchen oft spontan Flugsprünge unternommen, bei denen das typische Schnarren gut hörbar ist, nur bei mehrmaligem Aufscheuchen und bei kühler Witterung kann das Schnarren unterbleiben. Entwicklungszeit einjährig (es gibt aber Anzeichen, dass ein Überwintern im Eistadium möglich ist). 4 Larvenstadien bis zum Imago; Imagines können zwischen Mitte Juni und November angetroffen werden.
Lebensraum: Sonnenexponierte Hänge mit lückiger Vegetation, wärmebegünstigte Trockenrasen und Weiden, Schotterterrassen entlang von Flüssen und Bächen. Bis 2600 m.
Verbreitung: Eurosibirisch; von Nordspanien bis nach Sibirien; die südliche Verbreitungsgrenze folgt grob dem 40. Breitengrad.
Ähnliche Arten: Die ebenfalls in den Alpen bis über 2500 m aufsteigende Rotflügelige Ödlandschrecke *(Oedipoda germanica)* hat kein gewölbtes Halsschild. Beim Flug wird kein Schnarrgeräusch erzeugt.
Die im bayerischen Alpenvorland vorkommende Gefleckte Schnarrschrecke *(Bryodemella tuberculata)* hat im Flug einen weicheren Schnarrton und gelb gefärbte Hinterschienen.

R
C
A
13 ♀

A
B
14 ♂

Bunter Grashüpfer *(Omocestus viridulus)* 15

A *Hinterleibsende braun bis schwarzgrau, niemals rot*
B *Weiße Halsschild-Seitenkiele meist schwarz gesäumt und vorne leicht gebogen*
C *Kiefer- und Lippentaster hell*

Merkmale: 1,3–2,4 cm, Weibchen deutlich größer als Männchen. Grundfärbung grün, oft aber auch bräunlich; wirkt, wie der Name andeutet, oft bunt gescheckt. Die Vorderflügel erreichen das Hinterknie, auf der Oberseite haben sie die grüne Grundfarbe, seitlich sind sie braun bis schwarz gefärbt. Der Gesang ist laut und besteht aus Ticklauten, die 10 bis 20 Sekunden lang in schneller Folge vorgetragen werden und an einen ratternden Schlaghammer in großer Entfernung erinnern.
Lebensweise: Ernährt sich pflanzlich. Bewohnerin der Kraut- und Bodenschicht. Scheu. Unterbricht seinen Gesang bei Annäherung von Menschen sofort und flieht, meist im Flug, mehrere Meter weit. Entwicklungszyklus einjährig; 4 Larvenstadien bis zum Imago; Imagines können zwischen Juni und Oktober (November) angetroffen werden.
Lebensraum: Charakterart der Wiesen und Weiden der Voralpen und Alpen. Bis über 2900 m nachgewiesen.
Verbreitung: Von Nordspanien bis in die Mongolei.
Ähnliche Arten: Der Buntbäuchige Grashüpfer *(Omocestus rufipes)* hat ein rötliches Hinterleibsende. Er kommt meist in Lagen bis 1000 m vor, ist aber auch schon auf fast 2000 m nachgewiesen worden. Die Bestimmung der Grashüpfer ist sehr schwierig, schon die Ermittlung der Gattung ist eine große Herausforderung (z.B. *Omocestus*, *Stenobothrus*, *Chorthippus*). Erschwerend kommt hinzu, dass viele Vertreter von im Tiefland verbreiteten Heuschrecken häufig die subalpine und sogar die alpine Zone erreichen, sodass die Bestimmung sehr sorgfältig durchgeführt werden muss; oft ist eine Bestimmung für den Laien nicht möglich.

Bunter Alpengrashüpfer *(Stenobothrus rubicundulus)* 16

A *Zwei helle Linien, die sich vom Kopf über die Halsschild-Seitenkiele erstrecken*
B *Männchen mit roten Hinterschienen und rotem Hinterleibsende*
C *Auffälliges Flügelschnarren*

Merkmale: 1,8–2,6 cm, Weibchen etwas größer als Männchen. Grundfärbung grün, braun oder grau; beim Weibchen sind die Hinterschienen rot-orange, das Hinterleibsende ist auf der Unterseite rot und am Flügelvorderrand befindet sich ein auffälliger weißer Streifen (oft auch noch entlang der Flügelkante). Die Flügel sind dunkel und überragen beim Männchen etwas das Hinterknie, beim Weibchen enden sie kurz davor. Helles Stigma kurz hinter der Flügelmitte. Vor allem die Männchen sind gute Flieger. Sie erzeugen ein etwas 3–5 Sekunden andauerndes Flügelschnarren, indem sie alle vier Flügel senkrecht nach oben stellen und die Hinterflügel aneinander reiben.
Lebensweise: Ernährt sich pflanzlich. Bewohner der Kraut- und Bodenschicht. Scheu. Unterbricht seinen Gesang bei Annäherung von Menschen sofort und flieht, meist im Flug, mehrere Meter weit. Entwicklungszyklus einjährig; beim Männchen 4, beim Weibchen 4–5 Larvenstadien bis zum Imago; Imagines können zwischen Juni und November angetroffen werden.
Lebensraum: Mit Felsen und Zwergsträuchern durchsetzte sonnige Hänge und steinige Rasen. In den Alpen nicht unter 1000 m, bis über 2500 m.
Verbreitung: Zentral- und Südalpen, fehlt in Deutschland; Südosteuropa.
Ähnliche Arten: Sehr ähnlich ist das Weibchen des Heidegrashüpfers *(Stenobothrus lineatus)*. Dieses hat etwas längere Flügel und ein sichelförmiges Stigma, das etwas weiter hinten liegt.

B
C
A
15

B
16 ♂

Sibirische Keulenschrecke *(Gomphocerus sibiricus)* 17

A *Männchen mit blasenförmig verdickten Vorderschienen*
B *Bucklig gewölbtes Halsschild*
C *Schwach gekeulte und abgeplattete schwarze Fühlerspitzen (Name!)*

Merkmale: 1,7–2,5 cm, Weibchen etwas größer als Männchen. Grundfärbung grün, braun oder grau bis fast schwarz; die Hinterschienen sind rötlich-gelb gefärbt, die Unterseite der Hinterschenkel ist gelb. Halsschild-Seitenkiele im ersten Drittel stark gebogen. Die Flügel erreichen beim Männchen das Hinterknie, beim Weibchen enden sie kurz davor. Helles Flügelstigma am Ende des zweiten Drittels. Der Gesang ist laut und dauert über 20 Sekunden; er beginnt zögernd und leise, um dann in einen regelmäßigen Rhythmus zu wechseln (»chrä-chrä-chrä-chrä ...«).

Lebensweise: Ernährt sich pflanzlich. Bodenbewohnerin. Entwicklungszyklus einjährig; 4 Larvenstadien bis zum Imago; Imagines können zwischen Juli und November angetroffen werden.

Lebensraum: Trockene, sonnige, steinige Rasen und Hänge sowie lückige Zwergstrauchheiden. Bis fast 3000 m.

Verbreitung: Hochgebirge Europas; in Asien von Sibirien bis Kamtschatka und von Kasachstan bis in die Mandschurei.

Ähnliche Arten: Aufgrund des gewölbten Halsschildes, der beim Männchen verdickten Vorderschienen und den abgeplatteten schwarzen Fühlerspitzen ist die Sibirische Keulenschrecke eine relativ gut bestimmbare Art. Das Weibchen kann mit dem Weibchen der Gefleckten Keulenschrecke *(Myrmeleotettix maculatus)* verwechselt werden; dieses hat aber kaum erweiterte Fühlerenden und kürzere Flügel. Eine weitere typische Gebirgsart ist die Alpen-Keulenschrecke *(Aeropedellus variegatus)*. Die Fühlerenden sind bei dieser nur wenig erweitert, die braunen Flügel breit und relativ kurz; bestes Kennzeichen ist jedoch ein schwarzer Fleck auf den Halsschildseiten. Die Alpen-Keulenschrecke bewohnt alpine, mit Steinen durchsetzte Rasen bis weit über 3000 m.

Gebirgsgrashüpfer *(Stauroderus scalaris)* 18

A *Medialfeld des Männchens stark erweitert und mit auffälliger regelmäßiger Queraderung*
B *Gelbbraune Vorderflügel verdunkeln am Ende schwarzbraun*
C *Weiches Flugschnarren*

Merkmale: 1,7–2,8 cm, Weibchen etwas größer als Männchen. Grundfärbung meist braun mit gelblichen und grünlichen Tönen an Kopf, Brust und Beinen; Halsschild-Seitenkiele oft dunkel gesäumt und winklig gebogen; Hinterschienen gelblich bis rötlich gelb, Hinterknie meist dunkel. Die Flügel überragen beim Männchen das Hinterknie um ca. 0,5 cm, beim Weibchen enden sie knapp davor; Medialfeld (im Vorderflügel) des Weibchens netzartig geädert und meist dunkel gefleckt. Sehr guter Flieger. Der Gesang ist auffällig und laut, er dauert 10–30 Sekunden und besteht aus 20–50 kurzen Versen (»dschiärr-dschiärr-dschiärr ...«).

Lebensweise: Ernährt sich pflanzlich. Bodenbewohner, bei Störung flüchten die Tiere meist nicht fliegend, sondern verkriechen sich ins dichte Gras. Der Gesang wird nur bei Sonne vorgetragen und oft durch Flugschnarren bei Spontanflügen verstärkt; ein derartiges Konzert von einigen Hundert Gebirgsgrashüpfern kann ein eindrucksvolles Naturerlebnis sein und zählt zur typischen Geräuschkulisse einer Almwiese; bei bedecktem Himmel bleiben die Tiere stumm. 4 Larvenstadien bis zum Imago; Imagines können zwischen Juni und Oktober angetroffen werden.

Lebensraum: Sonnige Trockenrasen, Weiden, aber auch Schuttfluren. Bis über 2500 m.

C
B
A
17 ♂

A
18 ♂

Verbreitung: Von Südspanien bis Ostsibirien und in südeuropäischen Gebirgen; fehlt in den Bayerischen Alpen; in einigen Regionen der französischen Alpen eine der häufigsten Arten.

Ähnliche Arten: Das Männchen ist aufgrund der Queraderung im stark erweiterten Medialfeld und am auffälligen Gesangsverhaltens gut zu erkennen, die Weibchen hingegen können mit mehreren anderen Grashüpfer-Arten verwechselt werden; bei der Bestimmung ist daher vor allem auf das erweiterte Medialfeld und die bräunlichen Hinterflügel zu achten. Auch die Weibchen schnarren im Flug, was ein weiteres gutes Kennzeichen ist.

Dickkopffalter *(Familie: Hesperiidae)* 19

A *Kleine Falter mit breitem Kopf- und Brustabschnitt*
B *Fühleransätze liegen weit auseinander*
C *Schneller, schwirrender Flug*

Merkmale: Die Fühler der Falter sind kolbenförmig und vor den Augen entspringt ein kleines Haarbüschel, das auch mit bloßem Auge gut erkennbar ist. Die Familie der Dickkopffalter wird in drei Unterfamilien unterteilt. Die Unterfamilie der *Hesperiinae* fällt durch die hell- bis orange-braune Flügelfärbung auf und kann auch in den Alpen angetroffen werden; Vertreter aus dieser Familie sind aber keine typischen Gebirgsarten. Aus der Unterfamilie der *Pyrginae* gibt es aber Vertreter, die in den Alpen ihr Hauptverbreitungsgebiet haben; sie zeichnen sich durch eine graue bis dunkelbraune Färbung der Flügeloberseite mit weißen Flecken aus (Würfel-Dickkopffalter) **19a**. Die dritte Unterfamilie bilden die Vertreter der *Heteropterinae*, die aber für die Alpen keinerlei Bedeutung haben.

Lebensweise: Je nach Art ernähren sich die Raupen aus der Unterfamilie der *Pyrginae* von Silberwurz, Fingerkraut- oder Sonnenröschen-Arten. Sie fliegen in einer Generation und sind meist zwischen Juni und August zu beobachten.

Lebensraum: Vertreter der Unterfamilie *Pyrginae* besiedeln in den Alpen meist südexponierte Hänge und Magerrasen, die oft mit Felsen durchsetzt sind; bis über 2500 m. Vertreter aus der Unterfamilie der Hesperiinae findet man in den Alpen häufig auch an Wald- und Wegrändern, bis über 2000 m.

Verbreitung: Die Familie der Dickkopffalter ist weltweit verbreitet.

Arten: Endemisch für die Alpen ist Warrens Würfel-Dickkopffalter *(Pyrgus warrenensis)*, während der Kleinwürfelige Dickkopffalter *(Pyrgus cacaliae)* außer in den Alpen noch in einigen Gebirgen in Südosteuropa nachgewiesen wurde. Diese beiden und noch einige weitere Arten sind aber alle sehr ähnlich und für den Laien praktisch nicht bestimmbar; oft ist eine Bestimmung nur unter der Lupe oder durch eine Genitalpräparation möglich. Erschwerend kommt noch hinzu, dass einige sonst vorwiegend in tieferen Lagen vorkommende Vertreter der Gattung *Pyrgus* auch bis in subalpine Bereiche vordringen können.

Apollofalter *(Parnassius apollo)* 20

A *Großer weißer Falter*
B *Zwei rote, schwarz umrandete Augenflecken auf den Hinterflügeln (auf dem Foto nur einer sichtbar)*
C *Fühlerschaft nur undeutlich hellgrau-dunkelgrau geringelt*

Merkmale: Die Grundfarbe der Flügeloberseiten ist weiß mit roten und schwarzen Flecken; die roten Augenflecken sind meist weiß gekernt und auch auf der

B
19a

C
B
20

Unterseite sichtbar. Die Raupe ist samtschwarz mit gelben bis orangeroten Seitenflecken.
Lebensweise: Die Futterpflanze der Raupe ist der Weiße Mauerpfeffer *(Sedum album)*, die Falter saugen vorwiegend an Flockenblumen, Disteln und Skabiosen. Die Überwinterung erfolgt als vollständig entwickelte Raupe in der Eihülle. Die Falter fliegen in einer Generation und sind in den Alpen zwischen Juni und August zu beobachten.
Lebensraum: Sonnige, felsige oder grasige Hänge mit niedriger Vegetation; bis ca. 2000 m.
Verbreitung: Gebirge in Europa, bis nach Westsibirien.
Ähnliche Arten: Der Hochalpen-Apollo *(Parnassius phoebus)* hat einen schwarzweiß geringelten Fühlerschaft und in den meisten Fällen einen roten Fleck auf den Vorderflügel-Oberseiten.

Hochalpen-Apollo *(Parnassius phoebus)* 21

A *Großer weißer Falter*
B *Schwarz-weiß geringelter Fühlerschaft*
C *Roter, schwarz gerandeter Fleck auf Vorderflügel-Oberseite fast immer vorhanden*

Merkmale: Die Grundfarbe der Flügeloberseite ist weiß mit roten und schwarzen Flecken. Auf den Ober- und Unterseiten der Hinterflügel sind zwei rote, schwarz umrandete Augenflecken, die meist weiß gekernt sind; der rote Fleck auf den Vorderflügel-Oberseiten ist nicht immer vorhanden.
Lebensweise: Die Futterpflanze der Raupe ist der Fetthenne-Steinbrech *(Saxifraga aizoides)*. Die Überwinterung erfolgt in der Regel als Raupe in der Eihülle. Die Falter fliegen in einer Generation und sind zwischen Ende Juni und Ende August zu beobachten.
Lebensraum: Feuchte Schluchten und Senken, gerne in der Nähe von Bächen oder Wasserfällen, aber auch in mit Felsen durchsetzten Zwergstrauchheiden. Bis 2800 m.
Verbreitung: In Europa nur in den Alpen verbreitet. Nach Auffassung einiger Autoren gehören die Populationen in Asien und Nordamerika einer eigenen Art an, andere Autoren vertreten die Auffassung, dass es sich dabei um Unterarten handelt.
Ähnliche Arten: Der Fühlerschaft des Apollofalters *(Parnassius apollo)* ist nur angedeutet hellgrau-dunkelgrau geringelt, der rote Fleck auf den Vorderflügel-Oberseiten fehlt immer, zudem fehlt beim Männchen des Hochalpen-Apollo der schwarze Fleck am hinteren Rand der Vorderflügel.

Alpen-Gelbling *(Colias phicomone)* 22

A *Oberseiten der Flügel stark grau bestäubt*
B *Weibchen mit schmutzig cremeweißer Grundfärbung*
C *Männchen mit gelb-grüner Grundfärbung*

Merkmale: Männchen und Weibchen unterscheiden sich in der Grundfärbung deutlich. Der zentrale Fleck auf der Oberseite der Hinterflügel ist eher unauffällig und blass, auffallend ist eine abgesetzte helle Randbinde auf der Unterseite der Hinterflügel.
Lebensweise: Die Raupen ernähren sich überwiegend von verschiedenen Kleearten, wie z.B. Hufeisenklee oder Hornklee, aber auch von anderen Schmetterlingsblütlern. Die Überwinterung erfolgt als kleine Raupe. Die Falter fliegen normalerweise in einer Generation und sind zwischen Juni und August anzutreffen.
Lebensraum: Grashänge und extensiv bewirtschaftete Almwiesen. Bis 2500 m.
Verbreitung: Endemisch in Europa, wo er nur in den Alpen, dem Kantabrischen Gebirge, den Pyrenäen und den Karpaten vorkommt.

B
C
21

C
21

22

Ähnliche Arten: Aufgrund der grauen Bestäubung auf der Flügel-Oberseite, der auffälligen Grundfärbung und der abgesetzten hellen Randbinde auf der Unterseite der Hinterflügel ist der Alpen-Gelbling recht gut bestimmbar, obwohl bei den Gelblingen die Bestimmung ansonsten schwierig ist.

Berg-Weißling *(Pieris bryoniae)* 23

A *Weibchen meist mit stark verdunkelter Oberseite*
B *Flügeladern auf der Oberseite der Männchen am Rand meist schwarz gezeichnet*
C *Flügelwurzel der Hinterflügel-Oberseite beim Männchen ausgedehnt schwarz beschuppt*

Merkmale: Männchen mit weißer Grundfärbung, Weibchen schmutzig gelblichgrün gezeichnet; Adern auf der Hinterflügel-Unterseite grünlich nachgezeichnet.
Lebensweise: Die Raupen ernähren sich überwiegend von verschiedenen Kreuzblütlern, wie z.B. Brillenschötchen. Die Überwinterung erfolgt als Puppe. Die Falter fliegen normalerweise in einer Generation und sind zwischen Juni und August anzutreffen.
Lebensraum: Extensiv bewirtschaftete Bergwiesen und Matten, auch Waldlichtungen. Bis über 2500 m.
Verbreitung: Nur in einigen Gebirgszügen Europas und Asiens verbreitet; Alpen, Hohe Tatra, Karpaten, Kaukasus, Tian Shan und Altai sowie in Gebirgen der Türkei.
Ähnliche Arten: Der ähnliche Alpen-Weißling *(Pontia callidice)* kommt in höheren Lagen vor (ca. 1500–3000 m) und zeichnet sich durch pfeilförmige Flecken am Hinterflügel aus. Der meist in tieferen Lagen anzutreffende Grünader-Weißling *(Pieris napi)* kann gelegentlich bis 1700 m aufsteigen. Die Unterscheidung der beiden Arten gelingt am besten anhand des Weibchens, das beim Berg-Weißling meist eine stark verdunkelte Oberseite aufweist. Die Unterscheidung der Männchen ist wesentlich schwieriger. Beim Männchen des Berg-Weißlings ist der Apikalfleck (an der Flügelspitze der Vorderflügel) zwischen den Adern deutlich unterbrochen, während dieser beim Grünader-Weißling zusammenhängender wirkt. Weitere Unterscheidungsmerkmale sind zudem die schwarze Zeichnung der Flügeladern vor allem auf der Hinterflügel-Oberseite des Berg-Weißling-Männchens und eine ausgedehntere schwarze Beschuppung der Flügelwurzel der Hinterflügel-Oberseite.
Der auch bis in 2000 m Höhe vorkommende Reseda-Weißling *(Pontia edusa)* ist auf der Hinterflügel-Unterseite grünlich marmoriert.

Bläulinge *(Familie: Lycaenidae)* 24

A *Schwarz-weiß geringelte Fühler*
B *Kleine bis sehr kleine Falter*
C *Dunkle, weiß umrandete Augen*

Merkmale: Die Familie der Bläulinge besteht aus drei gut unterscheidbaren Gruppen: den Zipfelfaltern, den Feuerfaltern und den eigentlichen Bläulingen. Die ersten beiden Gruppen sind nicht typisch für die Alpen, daher bezieht sich das Folgende auf die eigentlichen Bläulinge.
Männchen auf der Oberseite meist blau und metallisch glänzend, Weibchen oft unscheinbar braun; bei den sogenannten braunen Bläulingen sind beide Geschlechter auf der Oberseite braun. Die Bestimmung der einzelnen Arten ist oft schwierig, eine gute Sicht auf die Zeichnung der Unterseite ist meist unerlässlich.
Die Raupen haben eine charakteristische Gestalt, sie sind plump und asselförmig; meist sind sie grün gefärbt.

23

23

24a

A
24b

A
24c

C
24c

Lebensweise: Es gibt zahlreiche Arten, die hochspezialisiert sind und daher besonders gefährdet. So werden z.B. die Raupen des Lungenenzian-Ameisenbläulings *(Maculinea alcon)* von Ameisen gefüttert; die Bindung an ein Leben mit Ameisen wird in der Fachsprache als Myrmekophilie bezeichnet und ist bei Bläulingen weit verbreitet. Einige Arten (in der Mehrzahl Männchen) versammeln sich oft in Gruppen auf feuchten Böden, um gelöste Salze aufzunehmen; beim Vorbeiwandern steigt dann oft eine blaue Wolke auf. Die Raupen fressen häufig an Schmetterlingsblütlern, aber auch an Zistrosen-, Heidekraut- und Storchenschnabelgewächsen.
Lebensraum: Die auf die Hochlagen der Alpen spezialisierten Arten findet man vorzugsweise auf kurzgrasigen alpinen Matten und Hängen, die oft mit Felsen durchsetzt sind.
Verbreitung: Die Familie der Bläulinge ist weltweit mit über 5000 Arten verbreitet.
Arten: Der Helle Alpenbläuling *(Plebejus orbitulus)* **24a** kommt außer in den Alpen nur noch in einem kleinen Gebiet in Norwegen und im Südural vor und zeichnet sich durch weiße, ungekernte Flecken auf der Hinterflügel-Unterseite aus. Der Dunkle Alpenbläuling *(Plebejus glandon)* **24b** ist in Europa außer in den Alpen nur in Nordskandinavien, in den Pyrenäen und der Sierra Nevada verbreitet. Das weitere Verbreitungsgebiet liegt im arktischen Asien und arktischen Amerika. Die Oberseite des Männchens ist schmutzig-graublau. Von Europa bis Asien weit verbreitet ist der Zwergbläuling *(Cupido minimus)* **24c**. Er kommt von Tallagen bis in Höhen von 2800 m vor und fällt durch seine geringe Größe auf. Mit einer Flügelspannweite von ca. 2 cm ist er der kleinste Tagfalter Mitteleuropas.
Der Eros-Bläuling *(Polyommatus eros)* **24d** ist auf die Alpen und auf einige Gebirge in Spanien, Frankreich, der Türkei und auf dem Balkan beschränkt; zudem kommt er noch in Nordwest- und Mittelasien vor. Auffallend ist beim Männchen ein deutlich ausgeprägter schwarzer Randsaum auf der Flügeloberseite.
Viele, sonst vorwiegend in tieferen Lagen vorkommende Vertreter der Familie der Bläulinge dringen auch in subalpine und sogar alpine Bereiche vor und erschweren die Bestimmung.

Ostalpiner Scheckenfalter *(Melitaea asteria)* 25

A *Kleine Scheckenfalterart*
B *Beide Geschlechter mit grau bestäubter Oberseite*
C *Einfache Randlinie auf der Hinterflügel-Unterseite*

Merkmale: Die Grundfärbung der Oberseite ist rotbraun, wobei diese extrem verdunkelt ist und der graubraune Eindruck überwiegt; daher wirken die Tiere stets wie abgeflogen, also so, als ob sie bereits eine lange Flugzeit hinter sich hätten.
Lebensweise: Die Raupen ernähren sich überwiegend vom Alpenwegerich. Zweijährige Entwicklung, daher an den Vorkommensorten oft nur jedes zweite Jahr häufigeres Auftreten. Die Überwinterung erfolgt als Raupe; die Falter fliegen normalerweise in einer Generation und sind zwischen Juni und August anzutreffen.
Lebensraum: Extensiv bewirtschaftete Almwiesen. Nicht unter 1700 m, bis 2800 m.
Verbreitung: Alpenendemit; nur lokal in Österreich, der Schweiz und Italien verbreitet.
Ähnliche Arten: Viele ähnliche Arten im Gebiet. Die Merkmalskombination aus der geringen Größe, der verdunkelten Oberseite und der einfachen Randlinie an den Hinterflügel-Unterseiten machen diese Art bei genauem Hinsehen unverwechselbar. Bei dem im selben Gebiet und Lebensraum vorkommenden Westalpinen Scheckenfalter *(Melitaea varia)* z.B. ist die Randlinie auf den Hinterflügel-Unterseiten doppelt ausgebildet.

24d

B
25

C
25

Alpen-Scheckenfalter *(Euphydryas cynthia)* 26

A *Relativ großer Scheckenfalter*
B *Grundfarbe der Flügeloberseite des Männchens weiß*
C *Gepunktete Randbinde auf der Hinterflügel-Unterseite*

Merkmale: Männchen und Weibchen sind deutlich unterschiedlich gefärbt; das Weibchen hat keine weißen Zeichnungselemente und ist auf der Oberseite orange-braun gescheckt. Die Raupe ist schwarz mit schwarzen Scheindornen und leuchtend gelben Segmenteinschnitten. Gebräuchlich ist oft auch die Bezeichnung Veilchen-Scheckenfalter.

Lebensweise: Die Raupen ernähren sich von verschiedenen Wegerich- und Veilchen-Arten, wurden aber auch schon an Läusekrautarten, an der Herzblättrigen Kugelblume und am Alpenhelm nachgewiesen. Die Überwinterung erfolgt als Raupe; die Larvalentwicklung ist zweijährig; die Falter fliegen normalerweise in einer Generation und sind zwischen Juni (Mai) und Juli (August) anzutreffen. Sie sind relativ scheu und bei gutem Wetter sehr ausdauernde Flieger; bei Bewölkung jedoch kann man sie auf Steinen oder Blättern mit offenen Flügeln sitzen sehen.

Lebensraum: Kurzgrasige, mit Felsen durchsetzte Matten und Wiesen, gerne exponiert oder in Gipfelnähe. Bis ca. 2500 m.

Verbreitung: Außer in den Alpen nur in zwei kleinen Hochgebirgen in Bulgarien verbreitet.

Ähnliche Arten: Männchen aufgrund der weißen Grundfarbe der Flügeloberseiten unverwechselbar.

Die Männchen des Alpen-Maivogels *(Euphydryas intermedia)* haben keine weiße Zeichnung auf der Flügeloberseite. Die Weibchen des Alpen-Maivogels unterscheiden sich durch die fehlenden Punkte auf der Randbinde der Hinterflügel-Unterseiten.

Die Männchen der Gebirgsform des Goldenen Scheckenfalters *(Euphydryas aurinia ssp. glaciegenita)* haben ebenfalls keine weiße Zeichnung auf den Flügeloberseiten und sind zudem kleiner und etwas dunkler gefärbt; die Punkte in der Randbinde auf den Hinterflügel-Unterseiten besitzen bei beiden Geschlechtern einen gelblichen Hof.

Großer Hochalpen-Perlmuttfalter *(Boloria napaea)* 27

A *Weibchen meist stark verdunkelt*
B *Kaum ausgeprägte schwarze Flecken auf den Vorderflügel-Unterseiten*
C *Zeichnung der Hinterflügel-Unterseiten blass*

Merkmale: Die Grundfärbung der Männchen ist orange mit einer Zeichnung aus feinen schwarzen Punkten und Linien, die Weibchen hingegen sind violett-braun und haben meist einen blass grünlichen Ton auf den Hinterflügel-Unterseiten; die Männchen haben auf den Vorderflügel-Oberseiten eine eher dünne schwarze Zeichnung.

Lebensweise: Die Raupen ernähren sich von verschiedenen Veilchen- und Knöterich-Arten. Die Überwinterung erfolgt als kleine Raupe; die Larvalentwicklung kann in höheren Lagen zwei Jahre betragen; die Falter fliegen normalerweise in einer Generation und sind zwischen Juni und August anzutreffen.

Lebensraum: Matten und Almweiden. Meist nicht unter 1500 m, bis ca. 2500 m.

Verbreitung: In Europa nur in den Alpen, den östlichen Pyrenäen und Skandinavien; sonst noch von Sibirien bis zur Amurregion sowie in Nordamerika (Alaska, Wyoming) nachgewiesen.

Ähnliche Arten: Sehr ähnlich ist der etwas kleinere Hochalpen-Perlmuttfalter *(Boloria pales)*. Die Weibchen weisen keine verdunkelte Oberseite auf und es

26 ♂

26

27 ♂

27 ♀

fehlt auch der blass grünliche Farbton auf den Hinterflügel-Unterseiten. Beim Männchen ist die schwarze Zickzack-Linie auf den Vorderflügel-Oberseiten etwas breiter ausgeprägt; die Unterseiten sind meist etwas dunkler und kontrastreicher gefärbt.
Der Alpen-Perlmuttfalter *(Boloria thore)* hat eine deutlich verdunkelte Oberseite und eine auffällige, gleichmäßige, gelbe Diskalbinde auf den Hinterflügel-Unterseiten.
Die Perlmuttfalter, deren Hauptmerkmal die glänzende Silberfärbung an bestimmten Stellen auf den Hinterflügel-Unterseiten ist, sind alle sehr ähnlich und bei der Bestimmung ist mit größter Sorgfalt vorzugehen. Ohne eine gute Sicht auf die Unterseite ist die Bestimmung meist nicht möglich.

Gletscherfalter *(Oeneis glacialis)* 28

A *Marmorierte Hinterflügel-Unterseite mit weißlichen Adern*
B *Blassbraune Grundfärbung*
C *Orange-braune Binden an Flügel-Oberseite*

Merkmale: Weibchen meist etwas kräftiger gefärbt als Männchen. In den Binden der Flügel-Oberseite befinden sich Augenflecke, die genauso wie die Oberseitenfärbung variieren können; es gibt sogar Individuen ohne Augenflecke; auffällig ist auch ein gescheckter Flügelrand, der allerdings nicht arttypisch ist.
Lebensweise: Die Raupen ernähren sich von Schafschwingel, die Falter saugen an Stängellosem Leimkraut, Alpen-Steinquendel, Alpenrose und Thymian. Gletscherfalter sind scheu, zeigen ein ausgeprägtes Revierverhalten und sind schnelle Flieger. Die Überwinterung erfolgt als Raupe; die Larvalentwicklung dauert zwei Jahre, an einigen Standorten treten die Falter daher alle zwei Jahre häufiger auf; sie fliegen in einer Generation und sind zwischen Juni (Ende Mai) und Anfang August anzutreffen.
Lebensraum: Besonnte Hänge und sonnenexponierte kurzgrasige, mit Felsen durchsetzte Almweiden. Nicht unter 1500 m, bis ca. 2500 m.
Verbreitung: Alpenendemit.
Ähnliche Arten: Die typische blassbraune Färbung und die marmorierte Hinterflügel-Unterseite mit den weißlichen Adern machen den Falter unverwechselbar.

Mohrenfalter *(Gattung: Erebia)* 29

A *Grundfärbung braun*
B *Hinterflügel-Unterseite mit grau-brauner Marmorierung oder mit Augenflecken*
C *Artbestimmung sehr schwierig*

Merkmale: Die Variationsbreite bei vielen Arten des Mohrenfalters ist recht groß, was die Bestimmung der Art zusätzlich erschwert. Für eine sichere Bestimmung ist es bei vielen Arten unerlässlich, die Ober- und Unterseite zu dokumentieren; oft hilft aber nur eine Genitalanalyse weiter. Es gibt eine Gruppe von Arten, die eine grau-braune Marmorierung auf der Hinterflügel-Unterseite aufweist; Vertreter dieser Arten sitzen gerne auf Steinen oder offenen Stellen und bevorzugen eher trockenere Lebensräume; eine andere Gruppe hat Augenflecken auf der Hinterflügel-Unterseite, Vertreter dieser Gruppe sitzen auf Pflanzen und bevorzugen eher Lebensräume mit einer hohen Kräuterschicht.
Lebensweise: Die Gattung ist gut an kalte, trockene und feuchte Lebensräume angepasst. Sie besiedelt gerne höhere Lagen und tritt bevorzugt in höheren Breitengraden auf. Die Raupen ernähren sich von Binsen, Sauer- oder Süßgräsern. Die Larvalentwicklung ist ein- bis zweijährig.

27

28

29a

29b

Die Flugzeit ist je nach Art unterschiedlich und beginnt bereits im Mai; die Falter fliegen bei Sonnenschein, lassen sich aber ins Gras fallen, sobald die Sonne für längere Zeit verschwindet; sie sind dann mit den zusammengeklappten Flügeln oft nur schwer zu entdecken.

Lebensraum: Je nach Art werden die unterschiedlichsten Lebensräume besiedelt. So fühlen sich einige Arten in einer hohen Gras- und Krautschicht wohl, andere Arten kommen nur oberhalb der Baumgrenze in offenen und felsigen Bereichen vor. Auch an Waldsäumen oder entlang von Waldwegen sind viele Arten zu entdecken.

Verbreitung: Die Gattung der Mohrenfalter ist holarktisch verbreitet; viele Arten sind Alpenendemiten und fliegen selbst dort nur sehr lokal in bestimmten Gebirgszügen.

Arten: Allein in den Alpen sind über 30 verschiedene Arten beschrieben, sodass hier nur ein kurzer Einblick gegeben werden kann. Beim Anstieg durch die Wälder wird man wahrscheinlich auf den Weißbindigen Mohrenfalter *(Erebia ligea)* **29a**, den Weißbindigen Bergwald-Mohrenfalter *(Erebia euryale)* **29b** oder den Graubindigen Mohrenfalter *(Erebia aethiops)* **29c** treffen.

Erebia ligea ist durch eine weiße Binde auf der Hinterflügel-Unterseite gekennzeichnet; diese Binde ist bei *Erebia euryale* meist nicht so deutlich ausgeprägt; Hauptunterscheidungsmerkmal der Männchen ist jedoch ein bei *Erebia ligea* vorhandener Duftschuppenfleck auf der Vorderflügel-Oberseite, der im Gegenlicht glänzt. *Erebia aethiops* hat im Gegensatz zu den beiden vorgenannten Arten keinen schwarz-weiß gescheckten Flügelsaum. Vorwiegend im subalpinen Bereich fliegt beispielsweise der Gelbgefleckte Mohrenfalter *(Erebia manto)* **29d**; auf der Hinterflügel-Unterseite des Weibchens befinden sich meist deutlich aufgehellte gelb-orange Flecken. Der Quellen-Mohrenfalter *(Erebia pronoe)* **29e** bevorzugt trockene, mit Steinen und Felsbändern durchzogene Hänge und Bergweiden; charakteristisch ist die rindenartig gezeichnete Hinterflügel-Unterseite.

Alpen-Wiesenvögelchen *(Coenonympha gardetta)* 30

A *Breites weißes Band auf Hinterflügel-Unterseite*
B *Kleine schwarze Augenflecke werden vom Band komplett umschlossen*
C *Schwarze Augenflecke auf Hinterflügel-Unterseite ohne Außenringe*

Merkmale: Kleiner Falter mit blassockerbrauner Oberseite, die meist ausgedehnt grau übertönt ist und oft nur in einer kleinen Region am Vorderflügel ockerbraun wirkt. Die Vorderflügel-Unterseiten sind hell rotbraun und am Außenrand grau; die Hinterflügel-Unterseiten sind graubraun. Die Postdiskalregion wird von einer breiten, weißen Binde dominiert, die mehrere Augenflecke umschließt; die Anzahl und Größe der Augenflecke ist variabel, sie sind aber nie von Ringen umgeben.

Lebensweise: Die Raupen ernähren sich von verschiedenen Gräsern. Die Überwinterung erfolgt als kleine Raupe; die Larvalentwicklung ist einjährig; die Falter fliegen in einer Generation und sind zwischen Juni und August (September) anzutreffen.

Lebensraum: Extensiv bewirtschaftete Almwiesen und -weiden mit Offenland-Charakter. Selten unter 1000 m, bis über 2500 m.

Verbreitung: Alpen und Balkan.

Ähnliche Arten: Das etwas größere Weißbindige Wiesenvögelchen (*Coenonympha arcania*) erreicht in den Alpen Höhen bis 1800 m und unterscheidet sich durch eine unregelmäßigere weiße Binde auf der Hinterflügel-Unterseite; zudem umschließt die Binde nicht komplett die von Ringen umgebenen Augenflecke. Das nur in den Alpen (nicht in Deutschland und Österreich) vorkommende Darwins Wiesenvögelchen (*Coenonympha darwiniana*) hat von gelben Ringen umgebene Augenflecke.

29c

29d

29e

A
B+C
30

Braunscheckauge *(Lasiommata petropolitana)* 31

A *Von doppelten Ringen umgebene Augenflecke auf der Hinterflügel-Unterseite*
B *Hinterflügel-Oberseite mit Querlinie im Diskalbereich*
C *Am vorderen Rand der Vorderflügel-Oberseite meist zwei Querlinien*

Merkmale: Braune Oberseite mit orangebraunen Zeichnungselementen auf der Flügeloberseite; in diesem orange-braunen Feld befindet sich nahe der Flügelspitze ein oft doppelt weiß gekernter, schwarzer Fleck. Auf den Hinterflügeln mehrere, ebenfalls weiß gekernte, schwarze Flecken, die aber deutlich kleiner sind. Hinterflügel-Unterseite hell- bis graubraun mit von doppelten Ringen umgebenen Augenflecken.
Lebensweise: Die Raupen ernähren sich von verschiedenen Gräsern. Die Falter ruhen oft auf kahlen Stellen (z.B. Schotterwegen), Steinen oder Baumstämmen. Die Überwinterung erfolgt als erwachsene Raupe oder als Puppe; die Larvalentwicklung ist einjährig; die Falter fliegen meist in einer Generation und sind zwischen April und Juli (August) anzutreffen.
Lebensraum: Lichte Wälder, mit Felsen durchsetzte Magerrasen, Geröllfluren. Bis über 2000 m.
Verbreitung: In Europa in mehreren Hochgebirgen verbreitet, ansonsten von der Nordtürkei nach Nordsibirien und südlich bis zur Amurregion.
Ähnliche Arten: Das Braunauge (*Lasiommata maera*) ist deutlich größer und fliegt später, auf der Oberseite sind am vorderen Rand des Vorderflügels keine Querlinien sichtbar und auf der Hinterflügel-Oberseite verläuft keine dunkle Querbinde. Ähnlich ist auch der in den Alpen vorkommende Mauerfuchs (*Lasiommata megera*), der nur im Süden bis in die Hochlagen vordringt; die orange-braune Zeichnung auf der Oberseite ist bei diesem deutlich ausgedehnter, v.a. auf dem Hinterflügel und im basalen Bereich der Vorderflügel-Oberseite.

Braunauge *(Lasiommata maera)* 32

A *Doppelt geringte Augenflecke auf der Hinterflügel-Unterseite*
B *Hinterflügel-Oberseite ohne Querlinie im Diskalbereich*
C *Größer als das Braunscheckauge*

Merkmale: Braune Oberseite mit unterschiedlich großen orange-braunen Zeichnungselementen auf der Flügeloberseite; in diesem Feld befindet sich nahe der Flügelspitze ein oft doppelt weiß gekernter, schwarzer Fleck. Auch auf den Hinterflügeln sind mehrere ebenfalls weiß gekernte, schwarze Flecken, die aber deutlich kleiner sind. Die Hinterflügel-Unterseite ist hell- bis graubraun mit doppelt geringten Augenflecken.
Lebensweise: Die Raupen ernähren sich von verschiedenen Gräsern. Die Falter ruhen oft auf kahlen Stellen (z.B. Schotterwegen), Steinen oder Baumstämmen. Die Überwinterung erfolgt als erwachsene Raupe oder als Puppe; die Larvalentwicklung ist einjährig; die Falter fliegen in einer Generation und sind zwischen Juni (Ende Mai) und August anzutreffen, in warmen Gebieten fliegen sie schon ab April und in zwei Generationen.
Lebensraum: Lichte Wälder, mit Felsen durchsetzte Magerrasen. Bis 2000 m, meist jedoch tiefer.
Verbreitung: Im gesamten Alpenraum verbreitet und nicht selten, ansonsten in fast ganz Europa (außer dem Norden), West-Sibirien und Nordafrika.
Ähnliche Arten: Das Braunscheckauge *(Lasiommata petropolitana)* ist nur schwer vom Braunauge zu unterscheiden. Es ist deutlich kleiner und fliegt in der Regel etwas früher; auf der Oberseite sind am vorderen Rand des Vorderflügels Querlinien sichtbar und auf der Hinterflügel-Oberseite verläuft eine dunkle Querbinde.

A
31

C
B
31

A
32

32

Rot- und Grünwidderchen *(Familie: Zygaenidae)* 33

A *Tagaktive Nachtfalter*
B *Rotwidderchen mit rot-schwarzer Flügelfärbung*
C *Grünwidderchen mit metallisch schimmernder grünlicher Flügeloberseite*

Merkmale: Tagaktive Nachtfalter mit charakteristischem schwirrendem Flug. Flügel in Ruhestellung dachziegelartig gefaltet. Die Bezeichnung stammt wahrscheinlich von der Fühlerform der Rotwidderchen, deren Fühler am Ende verdickt sind und mehr oder weniger gekrümmt, sodass sie an die Hörner eines Widders erinnern. In den Alpen sind die Unterfamilien Rotwidderchen oder Blutströpfchen (*Zygaeninae*) und Grünwidderchen (*Procridinae*) **33a** interessant.
Die Vorderflügel-Oberseite der Rotwidderchen hat eine dunkle Grundfärbung mit mehreren meist leuchtend rot gefärbten Flecken (»Blutströpfchen«) in verschiedener Ausprägung, die Hinterflügel-Oberseite ist meist rot gefärbt mit einem schwarzen Rand. Grünwidderchen haben eine metallisch grünlich und schwarzblau schimmernde Vorderflügel-Oberseite; die Arten können meist aber nur anhand einer Genitaluntersuchung bestimmt werden.
Lebensweise: Die Raupen vieler Arten ernähren sich von Schmetterlingsblütlern, man findet sie aber auch an zahlreichen anderen Pflanzen, wie z.B. Dolden-, Nelken-, Zistrosen- und Heidekrautgewächsen oder an Lippenblütlern. Die Falter saugen vor allem an lila oder violett gefärbten Pflanzen; oft findet man mehrere Falter gleichzeitig auf einer Blüte.
Lebensraum: Es wird ein breites Spektrum an Lebensräumen besiedelt, von blumenreichen Wiesen über locker bebuschte Waldsäume bis zu alpinen Matten. Erreichen Höhen von weit über 3000 m.
Verbreitung: Rotwidderchen sind nur in der Paläarktis verbreitet, Grünwidderchen mit über 500 Arten weltweit.
Arten: Die Rotwidderchen lassen sich anhand der Art und Form der meist leuchtend roten Flecken im Flügel unterscheiden. Das Alpen-Widderchen (*Zygaena exulans*) **33b** ist beispielsweise eine Art, die auf höhere Lagen spezialisiert ist und ihr Hauptverbreitungsgebiet oberhalb der Baumgrenze hat; es ist bis in Höhen von über 3000 m anzutreffen und stellenweise recht häufig.
Das Alpen-Grünwidderchen (*Adscita alpina*) ist auf extensiv bewirtschafteten, südexponierten, locker bebuschten Hängen bis in 2000 m Höhe zu finden.

Alpen-Bockkäfer *(Rosalia alpina)* 34

A *Blaue Grundfärbung mit schwarzer Fleckenzeichnung*
B *Lange Fühler*
C *Schwarze Haarbüschel zwischen den Fühlergliedern*

Merkmale: Bis fast 4 cm großer Bockkäfer mit deutlich mehr als körperlangen Fühlern und unverwechselbarer blauschwarzer Zeichnung.
Lebensweise: Die Larvalentwicklung beträgt zwei bis drei Jahre; die Käfer findet man meist im Juli und August. Die Bestände des Alpenbocks sind stark rückläufig. Einer der Gründe dafür ist die Gewinnung von Feuerholz aus Buchen; die austretenden Aromastoffe des geschlagenen Buchenholzes haben ein hohes Lockpotenzial und schon bald finden sich mehrere Tiere an den gelagerten Klaftern ein; die Weibchen legen dann die Eier in den Borken- und Trockenrissen ab, doch kommt es aufgrund der meist drei Jahre dauernden Larvalentwicklung nicht zum erfolgreichen Schlupf, denn das Holz wird schon vorher der weiteren Verwertung zugeführt.
Lebensraum: Laubwälder mit viel Totholz (bevorzugt Buche). Selten über 1500 m.
Verbreitung: Mittel- und Südeuropa.
Ähnliche Arten: Unverwechselbar.

C
33a

B
33b

B
C
A
34

Literaturverzeichnis

Säugetiere

Aulagnier St. und Chevallier J.: Die Säugetiere Europas, Nordafrikas und Vorderasiens, Bern 2009, Haupt Verlag, 272 S.

Braun M. und Dieterlein F. (Hrsg.): Die Säugetiere Baden-Württembergs, Bd. 1, Allgemeiner Teil, Fledermäuse (Chiroptera), Stuttgart 2003, Verlag Eugen Ulmer, 688 S.

Braun M. und Dieterlein F.: Die Säugetiere Baden-Württembergs, Bd. 2, Insektenfresser (Insectivora), Hasentiere (Lagomorpha), Nagetiere (Rodentia), Raubtiere (Carnivora), Paarhufer (Artiodactyla), Stuttgart 2005, Verlag Eugen Ulmer, 704 S.

Canalis L.: Säugetiere der Alpen, Bern 2013, Haupt Verlag, 270 S.

Dietz Ch., von Helversen O. und Nill D.: Handbuch der Fledermäuse Europas und Nordwestafrikas, Stuttgart 2016, Franckh-Kosmos Verlag, 416 S.

Dietz Ch. und Kiefer A.: Die Fledermäuse Europas, Stuttgart 2014, Franckh-Kosmos Verlag, 400 S.

Grimmberger E. und Rudloff K.: Atlas der Säugetiere Europas, Nordafrikas und Vorderasiens, Münster 2009, Natur- und Tier-Verlag, 496 S.

Grimmberger E.: Die Säugetiere Deutschlands, Wiebelsheim 2014, Quelle & Meyer Verlag, 564 S.

Grimmberger E.: Die Säugetiere Mitteleuropas, Wiebelsheim 2017, Quelle & Meyer Verlag, 696 S.

Kraft R.: Mäuse und Spitzmäuse in Bayern, Stuttgart 2008, Verlag Eugen Ulmer, 112 S.

Meschede A. und Rudolph B.-U.: Fledermäuse in Bayern, Stuttgart 2004, Verlag Eugen Ulmer, 414 S.

Niethammer J., Krapp F. und Stubbe M.: Handbuch der Säugetiere Europas, 6 Bde., 1 Supplementband, 1 Registerband, Wiebelsheim 1978–2005, Aula-Verlag.

Richarz K.: Fledermäuse in ihren Lebensräumen, Wiebelsheim 2012, Quelle & Meyer Verlag, 136 S.

Steinbach G. (Hrsg.) und Richarz K.: Steinbachs Naturführer Säugetiere, Stuttgart 2010, Verlag Eugen Ulmer, 192 S.

Vögel

Balzari C. et al.: Vogelarten Deutschlands, Österreichs und der Schweiz, Bd. 1, Nicht-Singvögel, Bern 2013, Haupt Verlag, 400 S.

Balzari C. et al.: Vogelarten Deutschlands, Österreichs und der Schweiz, Bd. 2, Singvögel, Bern 2013, Haupt Verlag, 256 S.

Barthel P. H. und Dougalis P.: Was fliegt denn da?, Stuttgart 2019, Franckh-Kosmos Verlag, 200 S.

Bauer H.-G. (Hrsg.): Das Kompendium der Vögel Mitteleuropas – alles über Biologie, Gefährdung und Schutz, 3 Bände, Wiebelsheim 2005, Aula-Verlag.

Beaman M. und Madge S.: Handbuch der Vogelbestimmung, Stuttgart 2007, Verlag Eugen Ulmer, 868 S.

Bergmann H.-H., Helb H.-W. und Baumann S.: Die Stimmen der Vögel Europas, mit DVD, Wiebelsheim 2008, Aula-Verlag, 672 S.

Bergmann H.-H. und Westphal U.: Grundkurs Vogelstimmen, mit DVD, Wiebelsheim 2010, Quelle & Meyer Verlag, 216 S.

Bergmann H.-H., Chappuis C. und Dingler K.-H.: Vogelstimmen im Flug, MP3-CD, Germering 2014, Musikverlag Edition Ample.

Bergmann H.-H.: Die Federn der Vögel Mitteleuropas, Wiebelsheim 2015, Aula-Verlag, 600 S.

Bezzel E.: Das BLV Handbuch Vögel, München 2019, BLV Buchverlag, 512 S.

Brendel U.: Vögel der Alpen, Stuttgart 1998, Verlag Eugen Ulmer, 276 S.

Brown R. et al.: Federn, Spuren und Zeichen der Vögel Europas, Wiebelsheim 2005, Aula-Verlag, 336 S.

Caula B., Beraudo P. L. und Pettavino M.: Vögel der Alpen, Bern 2010, Haupt Verlag, 320 S.

Dierschke V.: Kosmos Naturführer: Welcher Vogel ist das?, Stuttgart 2017, Franckh-Kosmos Verlag, 256 S.

Fiedler W.: Die Vögel Mitteleuropas sicher bestimmen, 2 Bände, Wiebelsheim 2015, Quelle & Meyer Verlag.
Fünfstück H.-J., Ebert A. und Weiß I.: Taschenlexikon der Vögel Deutschlands, Wiebelsheim 2010, Quelle & Meyer Verlag, 686 S.
Fünfstück H.-J. und Weiß I.: Die Vögel Mitteleuropas im Portrait, Wiebelsheim 2017, Quelle & Meyer Verlag, 760 S.
Glutz von Blotzheim U. N. (Hrsg.): Handbuch der Vögel Mitteleuropas, 14 Bände, Wiesbaden 1966–1997, Aula-Verlag.
Harrison C. et al.: Jungvögel, Eier und Nester der Vögel Europas, Nordafrikas und des Mittleren Ostens, Wiebelsheim 2004, Aula-Verlag, 474 S.
Hölzinger J.: Die Vögel Baden-Württembergs, Band 2 (Nicht-Singvögel, in 3 Teilbänden) und 3 (Singvögel, in 2 Teilbänden), Stuttgart 1997–2006, Verlag Eugen Ulmer.
Jonsson L.: Die Vögel Europas und des Mittelmeerraumes, Stuttgart 2010, Franckh-Kosmos Verlag, 560 S.
Maumary L., Vallotton L. und Knaus P.: Die Vögel der Schweiz, Sempach 2007, Schweizerische Vogelwarte, 848 S.
Mebs T. und Scherzinger W.: Die Eulen Europas, Stuttgart 2008, Franckh-Kosmos Verlag, 400 S.
Mebs T. und Schmidt D.: Die Greifvögel Europas, Nordafrikas und Vorderasiens, Stuttgart 2014, Franckh-Kosmos Verlag, 496 S.
Moning Ch., Griesohn-Pflieger T. und Horn M.: Grundkurs Vogelbestimmung, Wiebelsheim 2012, Quelle & Meyer Verlag, 432 S.
Moning Ch. und Wagner C.: Vögel beobachten in Süddeutschland, Stuttgart 2012, Franckh-Kosmos Verlag, 368 S.
Roche J. C.: Die Stimmen der Vögel Mitteleuropas auf CD, 2 CDs, Stuttgart 1995, Franckh-Kosmos Verlag.
Rödl T. et al.: Atlas der Brutvögel in Bayern, Verbreitung 2005 bis 2009, Stuttgart 2012, Verlag Eugen Ulmer, 256 S.
Sacchi M. et al.: Vögel beobachten in der Schweiz, Bern 2007, Ott Verlag, 294 S.
Schulze A.: Die Vogelstimmen Europas, Nordafrikas und Vorderasiens, 17 Audio-CDs und Begleitbuch, Germering 2003, Musikverlag Edition Ample.
Singer D.: Was fliegt denn da?, Stuttgart 2018, Franckh-Kosmos Verlag, 400 S.
Singer D.: Welcher Vogel ist das?, Stuttgart 2017, Franckh-Kosmos Verlag, 432 S.
Svensson L.: Der Kosmos Vogelführer – Alle Arten Europas, Nordafrikas und Vorderasiens, Stuttgart 2017, Franckh-Kosmos Verlag, 400 S.
Wüst W.: Avifauna Bavariae, 2 Bände, München 1981 und 1986, Ornithologische Gesellschaft Bayern.

Reptilien und Amphibien

Böhme W. et al. (Hrsg.): Handbuch der Reptilien und Amphibien Europas, 6 Bände, Wiebelsheim 1981–2010, Aula-Verlag.
Cabela A., Grillitsch H. und Tiedemann F.: Atlas zur Verbreitung und Ökologie der Amphibien und Reptilien Österreichs, Wien 2001, Umweltbundesamt, 880 S.
Geniez Ph. und Gruber U.: Die Schlangen Europas: Schlangen aus Europa, Nordafrika und dem Mittleren Orient, Stuttgart 2017, Franckh-Kosmos Verlag, 352 S.
Glandt D.: Heimische Amphibien, Wiebelsheim 2008, Aula-Verlag, 178 S.
Glandt D.: Grundkurs Amphibien- und Reptilienbestimmung, Wiebelsheim 2011, Quelle & Meyer Verlag, 480 S.
Glandt D.: Die Amphibien und Reptilien Europas, Wiebelsheim 2015, Quelle & Meyer Verlag, 550 S.
Günther R. (Hrsg.): Die Amphibien und Reptilien Deutschlands, Jena 1996, Gustav Fischer Verlag, 826 S.
Kreiner G.: Schlangen Europas, Frankfurt 2007, Edition Chimaira, 320 S.
Kwet A.: Reptilien und Amphibien Europas, Stuttgart 2015, Franckh-Kosmos Verlag, 352 S.
Laufer H., Fritz K. und Sowig P. (Hrsg.): Die Amphibien und Reptilien Baden-Württembergs, Stuttgart 2007, Verlag Eugen Ulmer, 808 S.

NABU Brandenburg (Hrsg.): Heimische Froschlurche – Rufe zur Paarungszeit, Audio-CD, Rangsdorf 1995, Natur & Text Verlag.

Nöllert A. und Nöllert C.: Die Amphibien Europas, Stuttgart 1992, Franckh-Kosmos Verlag, 382 S.

Fische

Bergbauer M.: Welcher Fisch ist das? Die Süßwasserfische Mitteleuropas, Stuttgart 2016, Franckh Kosmos Verlag, 176 S.

Hartmann U.: Süßwasserfische entdecken und erkennen, Stuttgart 2010, Verlag Eugen Ulmer, 192 S.

Hauer W.: Fische, Krebse, Muscheln in heimischen Seen und Flüssen, Graz, 2007, Leopold Stocker Verlag, 232 S.

Hecker F.: Welcher Fisch ist das? Stuttgart 2010, Franckh Kosmos Verlag, 144 S.

Linsell K. und Maitland P.: Süßwasserfische, Stuttgart 2007, Franckh-Kosmos Verlag, 272 S.

Ness A.: Fische – Süßwasserfische sowie Arten der Nord- und Ostsee, München 2009, BLV Buchverlag, 128 S.

Insekten

Allgemein:

Bellmann H.: Der Kosmos Insektenführer, Stuttgart 2018, Franckh-Kosmos Verlag, 456 S.

Bellmann H.: Steinbachs Naturführer Insekten, Stuttgart 2010, Verlag Eugen Ulmer, 192 S.

Chinery M.: Pareys Buch der Insekten, Stuttgart 2012, Franckh-Kosmos Verlag, 326 S.

Stresemann E. und Klausnitzer B.: Exkursionsfauna von Deutschland, Band 2, Wirbellose: Insekten, Heidelberg 2011, Spektrum Akademischer Verlag, 976 S.

Libellen:

Bayerisches Landesamt für Umweltschutz und Bund Naturschutz in Bayern (Hrsg.): Libellen in Bayern, Stuttgart 1998, Verlag Eugen Ulmer, 334 S.

Bellmann H.: Der Kosmos Libellenführer, Stuttgart 2013, Franckh-Kosmos Verlag, 320 S.

Dijkstra K.-D. B: Libellen Europas, Bern 2014, Haupt Verlag, 320 S.

Landmann A., Lehmann G. und Mungenast F.: Die Libellen Tirols, Innsbruck 2005, Berenkamp Verlag, 324 S.

Raab R., Chovanec A. und Pennerstorfer J.: Die Libellen Österreichs, Wien 2007, Springer-Verlag, 346 S.

Sternberg K. und Buchwald R. (Hrsg.): Die Libellen Baden-Württembergs, Bd. 1, Allgemeiner Teil, Kleinlibellen, Stuttgart 1999, Verlag Eugen Ulmer.

Sternberg K. und Buchwald R. (Hrsg.): Die Libellen Baden-Württembergs, Bd. 2, Großlibellen, Literatur, Stuttgart 2000, Verlag Eugen Ulmer.

Wildermuth H. und Martens A.: Die Libellen Europas, Wiebelsheim 2018, Quelle & Meyer Verlag, 960 S.

Wildermuth H. und Martens A.: Taschenlexikon der Libellen Europas, Wiebelsheim 2014, Quelle & Meyer Verlag, 824 S.

Heuschrecken:

Baur B. et al.: Die Heuschrecken der Schweiz, Bern 2006, Haupt Verlag, 352 S.

Bellmann H.: Der Kosmos-Heuschreckenführer, Stuttgart 2019, Franckh-Kosmos Verlag, 320 S.

Bellmann H.: Heuschrecken, die Stimmen von 61 heimischen Arten, Audio-CD, Musikverlag Edition Ample.

Detzel P.: Die Heuschrecken Baden-Württembergs, Stuttgart 1998, Verlag Eugen Ulmer, 580 S.

Fischer J. et al.: Die Heuschrecken Deutschlands und Nordtirols, Wiebelsheim 2019, Quelle & Meyer Verlag, 368 S.

Illich I. et al.: Die Heuschrecken Salzburgs, Salzburg 2010, Verlag Haus der Natur, 254 S.

Roesti Ch. und Keist B.: Die Stimmen der Heuschrecken, mit DVD, Bern 2009, Haupt Verlag, 144 S.

Schlumprecht H. und Waeber G.: Heuschrecken in Bayern, Stuttgart 2003, Verlag Eugen Ulmer, 516 S.

Schmetterlinge:

Bayerische Akademie für Naturschutz und Landschaftspflege (Hrsg.): Die Tagfalter Bayerns und Österreichs, Laufen/Salzach 2007, 248 S.

Bellmann H.: Der Kosmos Schmetterlingsführer: Schmetterlinge, Raupen und Futterpflanzen, Stuttgart 2016, Franckh-Kosmos Verlag, 448 S.

Bräu M. et al.: Tagfalter in Bayern, Stuttgart 2013, Verlag Eugen Ulmer, 784 S.

Bühler-Cortesi Th.: Schmetterlinge – Tagfalter der Schweiz, Bern 2019, Haupt Verlag, 238 S.

Carter D. J. und Hargreaves B.: Raupen und Schmetterlinge Europas und ihre Futterpflanzen, Hamburg 1987, Parey Verlag, 292 S.

Ebert G.: Die Schmetterlinge Baden-Württembergs, 10 Bände, Stuttgart 1991–2005, Verlag Eugen Ulmer.

Ferretti G.: Schmetterlinge der Alpen, Bern 2015, Haupt Verlag, 352 S.

Huemer P. und Wieser Ch.: Schmetterlinge, Innsbruck 2008, Tyrolia Verlag, 224 S.

Schweizerischer Bund für Naturschutz (Hrsg.): Bd. 1, Tagfalter und ihre Lebensräume, Basel 1991, 516 S.

Schweizerischer Bund für Naturschutz (Hrsg.): Bd. 2, Schmetterlinge und ihre Lebensräume, Basel 1997, 680 S.

Schweizerischer Bund für Naturschutz (Hrsg.): Bd. 3, Schmetterlinge und ihre Lebensräume, Basel 2000, 928 S.

Steiner A. et al.: Die Nachtfalter Deutschlands. Østermarie 2014, BugBook Publishing, 878 S.

Tolman T. und Lewington R.: Die Tagfalter Europas und Nordwestafrikas, Stuttgart 2012, Franckh-Kosmos Verlag 384 S.

Weidemann, H. J.: Tagfalter, Augsburg 1995, Naturbuch-Verlag, 660 S.

Weidemann H. J. und Köhler J.: Nachtfalter, Augsburg 1996, Naturbuch-Verlag, 512 S.

Willner W.: Taschenlexikon der Schmetterlinge Europas, Wiebelsheim, i. Vorb., Quelle & Meyer Verlag, 950 S.

Käfer:

Willner W.: Taschenlexikon der Käfer Mitteleuropas, Wiebelsheim 2013, Quelle & Meyer Verlag, 400 S.

Harde K. W. und Severa F.: Der Kosmos Käferführer, Stuttgart 2014, Franckh-Kosmos Verlag, 352 S.

Verschiedenes

Bang P. und Dahlström P.: Tierspuren, München 2009, BLV Buchverlag, 264 S.

Brendel U.: Die Tierwelt des Nationalparks Berchtesgaden, Berchtesgaden 2006, Berchtesgadener Anzeiger, 330 S.

Deutscher Alpenverein (Hrsg.): Alpin-Lehrplan 12, Pflanzen- und Tierwelt, München 1982, BLV Buchverlag, 174 S.

Gillieron J.: Tiere der Alpen, Bd. 1, Die Wirbeltiere, Bern 2005, Schweizer Alpen-Club, 372 S.

Grüner T.: Naturführer Bayerische Alpen, München 2012, Bergverlag Rother, 296 S.

Hofer R. (Hrsg.): Die Alpen – Einblicke in die Natur, Innsbruck 2009, Innsbruck university press, 156 S.

Jung W. (Hrsg.): Naturerlebnis Alpen, München 1998, Verlag Dr. Friedrich Pfeil, 156 S.

Richarz K. und Limbrunner A.: Welche Tierspur ist das?, Stuttgart 2019, Franckh-Kosmos Verlag, 128 S.

Schauer T. und Caspari C.: Pflanzen- und Tierwelt der Alpen, München 1978, BLV Buchverlag, 252 S.

Staffelbach H.: Handbuch Schweizer Alpen, Bern 2011, Haupt Verlag, 656 S.

Register

Impressum

Bild Seite 1: Gämse mit Kitz.
Bild Seite 2 und 3: Haubenmeise.
Bild auf der Rückseite: Alpendohle mit Blick auf Walchensee.

Bildnachweis:
Alle Fotos von Thomas Grüner außer:
Friedrich Böhringer (Own work) [CC BY-SA 2.5 (http://creativecommons.org/licenses/by-sa/2.5)], via Wikimedia Commons, S. 149 unten
Otmar Forster, S. 69 unten links
Richard Kraft, S. 13 oben, 15 Mitte links, 15 Mitte rechts
Manfred Kuehn, S. 27 oben, 31 unten, 47 oben links
Christoph Moning, S. 53 unten rechts, 95 oben rechts, 113 unten links
Martin San Gilles [CC BY-SA 2.0 (http://creativecommons.org/licenses/by-sa/2.0)], via Wikimedia Commons, S. 171 unten
Benny Trapp (Own work) [GFDL (http://www.gnu.org/copyleft/fdl.html) or CC BY 3.0 (http://creativecommons.org/licenses/by/3.0)], via Wikimedia Commons, S. 149 zweites von unten
Peter Zeininger, Cover unten rechts, 13 Mitte links, 13 Mitte rechts, 19 unten links, 19 unten rechts, 29 oben, 29 Mitte, 31 oben, 39 unten, 65 oben, 67 oben links, 85 unten rechts, 107 Mitte links, 107 Mitte rechts, 107 unten rechts, 127 Mitte, 135 oben, 137 oben, 137 unten, 139 oben, 139 unten, 141 oben, 151 unten, 152, 155 oben, 155 Mitte, 155 unten, 157 oben, 157 unten, 159 oben, 159 unten, 165 Mitte, 169 oben, 173 unten, 177 unten, 179 unten, 183 unten, 185 Mitte rechts, 185 unten links, 185 unten rechts, 187 oben, 187 Mitte, 187 unten, 189 unten links, 189 unten rechts, 191 oben, 191 Mitte, 195 oben, 195 Mitte, 195 unten rechts, 197 oben, 197 Mitte

Umschlaggestaltung und Layout:
Edwin Schmitt
Lektorat und Gestaltung:
Antje Sommer
Repro:
Artilitho snc, Lavis (Trento), Italien
Druck:
Litotipografia Alcione srl., Lavis (Trento), Italien

2. Auflage 2020

ISBN 978-3-7633-6100-7

MIX
Papier aus verantwortungsvollen Quellen
FSC® C021956
FSC www.fsc.org

Bergverlag Rother GmbH · Keltenring 17 · D-82041 Oberhaching
Tel. (089) 60 86 69 0 · Fax (089) 60 86 69 69 · E-Mail: leserzuschrift@rother.de
Besuchen Sie uns im Internet: www.rother.de